재미있는
수학여행 2

재미있는 수학여행 2 – 논리의 세계

1판 1쇄 발행 1990. 6. 15.
1판 50쇄 발행 2005. 8. 26.
개정1판 1쇄 발행 2007. 1. 25.
개정1판 17쇄 발행 2019. 9. 10.
개정신판 1쇄 인쇄 2021. 11. 30.
개정신판 1쇄 발행 2021. 12. 7.

지은이 김용운, 김용국

발행인 고세규
편집 이예림 디자인 조명이 마케팅 박인지 홍보 홍지성
발행처 김영사
등록 1979년 5월 17일 (제406 – 2003 – 036호)
주소 경기도 파주시 문발로 197(문발동) 우편번호 10881
전화 마케팅부 031)955 – 3100, 편집부 031)955 – 3200 | 팩스 031)955 – 3111

값은 뒤표지에 있습니다.
ISBN 978 – 89 – 349 – 4414 – 0 04410
      978 – 89 – 349 – 4417 – 1 (세트)

홈페이지 www.gimmyoung.com   블로그 blog.naver.com/gybook
인스타그램 instagram.com/gimmyoung   이메일 bestbook@gimmyoung.com

좋은 독자가 좋은 책을 만듭니다.
김영사는 독자 여러분의 의견에 항상 귀 기울이고 있습니다.

김용운
×
김용국

재미있는
수학여행
논리의 세계

2

김영사

새로운 수학여행을 시작하며

우리나라 학생은 점수만으로는 세계 수학 경시대회에서 좋은 성적을 낸다. 그러나 세계의 수학 교육가들은 우리나라 학생이 점수로 계산할 수 없는 학습동기 또는 호기심에 관해서는 하위에 속한다는 사실에 주목하며 창의력 문제를 걱정한다.

각 나라 국민의 창의력을 나타내는 지표로는 흔히 노벨과학상 수상자 수가 참고된다. 그런데 세계 최고의 교육열을 자랑하는 우리나라 사람 중 과학상 수상자는 하나도 없다. 참고로 유대인의 수상자 수는 의학·생리·물리·화학 분야에서 119명, 경제학상만도 20명이 넘는다. 이 현상은 창의력에 관련이 깊은 수학 교육과 연관이 있다.

유대인의 속담에 자녀에게 고기를 주지 말고 고기를 잡는 그물을 주라는 말이 있다. 참된 수학은 창의력을 위한 고기가 아닌 그물의 역할을 한다. 나는 이 책이 여러분을 참된 수학의 길로 인도하기를 바란다.

그간 많은 학생으로부터 "선생님 책 덕에 수학에 눈이 열리게 되었습니다"라는 말을 들어왔다. 필자에게 그 이상 보람을 느끼게 하는 일은 없으며 동시에 더욱 책임감을 느낀다.

이 책은 1990년, 지금으로부터 16년 전에 쓰였으나 그 기본 방향에는 변함이 없다. 그러나 그간 수학, 특히 컴퓨터를 이용하는 정수론 분야에서 새로운 지식이 등장했으며, 오랫동안 풀리지 않았던 어려운 문제들의 일부가 해결되었다. 이들 내용을 보완하면서 더욱 친근하게 접근할 수 있도록 수정했다. 이 책을 읽는 독자 중에서 큰 고기를 낚는 사람이 나오기를 기대한다.

2007년
김용운

산을 높이 오를수록 산소가 희박해지고 고산병에 걸리기 쉽다. 이처럼 지나치게 다듬어진 수학은 겉보기에 구체적인 현실성이 없어지고 추상성만으로 가득하게 된다.

현대 수학을 처음 접하게 되면 대부분의 사람들이 고산병과 같은, 수학에 있어서의 추상병(抽象病)에 걸리고 만다. 이는 정신적으로 건전한 사람이라면 당연히 걸리는 병이라고 할 수 있다.

그러나 아무리 높은 산일지라도 산에는 숲이 우거지고 짐승들이 뛰놀고 있다. 차갑고 메마른 공기와 빙설에 덮인 암벽일지라도, 그 암벽 아래쪽에는 풍요로운 자연이 숨 쉬고 있는 것이다.

학교에서 가르치는 수학은 마치 산봉우리 부분만 확대하여 그 구조만을 조사하는 것과 같다. 봉우리만을 보는 대부분의 학생들은 얼음 덮인 암벽을 만나면 산 오르기에 지쳐 중도에 하산해버리고 만다. 절벽과 함께 있는 계곡의 맑은 물 같은 생생한 인간의 직관은 보지 못하고 말이다.

산의 전체를 모르는 학생들에게는 당연한 결과이지만, 수학이라는 '산'에 도전하여 좌절하는 모습을 수없이 보아온 저자로서는 안타까움을 금할 수 없다.

이 책을 집필하게 된 가장 큰 동기는 수학의 전체 모습을 보여주기 위해서이다. 수학의 본질을 모르면서 공식이나 줄줄 잘 외워 입시에 성공한들, 수학을 키우고 수학에 의해 성장해온 문화의 깊은 인간적 의미는 잘 알 수가 없다. 이 책의 가장 큰 목적은 수학의 본성을 이해하는 데 도움을 주고자 함이다.

그리고 이 책은 정상에서 각 계단의 의미와 그 지평을 관망하는 입장에서 쓰였다. 강의실에서 서술하지 못한 중요한 내용을 들추어내고 살아 숨쉬는 수학을 독자들에게 보여주기 위해서이다. 시들고 흥미 없는 강의를 할 수밖에 없었던 죄책감을 이 책을 통해 조금이나마 씻을 수 있었으면 한다.

무관심한 사람에게 밤하늘은 신비스럽기는 하지만 수많은 별들이 무질서하게 멋대로 흩어져 있는 것처럼 보인다. 하지만 별들은 저마다 자기 자리를 가지고 대우주의 조화를 이루고 있는 것이다. 이 대우주는 결코 다 파헤칠 수 없는 신비의 보고이기도 하다.

수학은 인공의 대우주이다. 자연의 대우주와 비교될 만큼 온갖 비밀이 그 속에는 간직되어 있다. 그 비밀 속에는 현실세계와 깊은 관련이 있는 넓은 응용과 깊은 지혜가 숨어 있다.

이 책은 수학 전공학도는 물론, 지적 호기심이 강한 사람이면 충분히 즐길 수 있을 것이다. 또한 정보화 사회를 살아가는 현대인이면 갖춰야 할 합리적인 사고를 기르는 데에도 큰 도움이 되리라 믿는다.

독자가 이 책을 통해 수학의 진면목을 이해하는 데에 진일보했다는 느낌만이라도 얻는다면 저자로서는 그 이상 바랄 것이 없겠다.

1990년
김용운 · 김용국

1 큰 수에 도전한다

유한이기는 하지만 상상을 넘는 거대한 수들이 우리 주변에 도사리고 있다. 손이 아닌 머리(사유)만을 써서 이 수의 비경에 들어설 수 있다. 우리는 큰 수를 발판삼아 유한에서 무한까지 날개를 펼친다.

2 집합과 셈

무한세계의 셈은 집합의 사다리를 이용해야만 했다. 전혀 관계없는 것처럼 보이는 무한과 집합적 사고 사이의 관계에서 인간은 새로운 사고방식을 터득했으며, 그것을 바탕으로 또 한 번 도약한다.

3 현실세계와 수

현실은 소설보다 기묘하다고 하는데 허구의 수가 가장 현실성을 지닌다는 것은 정말 알다가도 모를 일이다. 허가 실이고, 실이 허일 수 있는 자연세계의 이 오묘한 신비.

4 논리는 생각의 날개

무의식적인 생각에도 논리가 있다고 한다. 그렇다면 더더욱 사유는 곧 논리이며, 사유에 기반을 두는 수학과 논리의 관계를 살핀다.

5 수학이란 무엇인가

상대를 더 잘 파악하기 위해서는 그가 지나온 과정을 알아볼 필요가 있다. 마찬가지로 수학의 체계를 구축하는 과정을 살피고 수학의 의미를 따져 묻는 것은 수학을 이해하기 위해서는 꼭 필수적인 작업이다.

6 수학의 구조 | 7 증명이란 무엇인가

수학적인 구조물의 본질, 구조를 해부하는 메스인 증명법, 연역과 귀납세계의 본질, 여기서 우리는 수학의 유효성과 함께 그 한계성을 생각하게 된다.

8 수학의 에피소드

교과서에서 다루지 않는 수학과 인간성의 문제를 수학자에 얽힌 여러 에피소드를 통해서 알아본다.

1
큰 수에 도전한다

인도인들에게는 그칠 줄 모르는 큰 수에 대한 갈망이라
고 할까, 수에 대한 탐욕이 있었지만, 그리스인은 항상
절도 있게 일정한 한도 내에서 수를 다루고 있었다.

아르키메데스의 모래알 계산

현재 우리가 사용하고 있는 인도·아라비아식 기수법으로는 아무리 큰 수일지라도 0에서 9까지의 10개의 숫자만을 써서 쉽게 나타낼 수 있다. 이것을 당연한 것처럼 생각할지 모르지만 다른 기수법, 이를테면 그리스·로마식 기수법, 그리고 우리의 조상이 사용했던 한숫자(漢數字)에 의한 기수법과 비교해보면 얼마나 훌륭한 대발명이었는지 금방 이해가 갈 것이다.

그리스에서는 처음에는 1권에서 소개한 숫자를 썼으나, 나중에는 어찌된 셈인지 아래의 표와 같이 그리스어의 알파벳으로 수를 나타내게 되었다.

α 알파	▷	1	ς 디감마	▷	6	$\varkappa$ 카파	▷	20
β 베타	▷	2	ζ 제타	▷	7	λ 람다	▷	30
γ 감마	▷	3	η 에타	▷	8	μ 뮤	▷	40
δ 델타	▷	4	θ 세타	▷	9	ν 뉴	▷	50
ε 엡실론	▷	5	ι 이오타	▷	10	……		

이 방법은 이전의 기수법에 비해 좋은 방법은 아니었다. 기억하기가 힘들고, 또 계산하는 데도 아주 불편하기 때문이다. 그보다도 문제인 것은 새로운 자리마다 새로운 숫자를 필요로 한다는 점이었다.

하지만 대과학자인 아르키메데스는 이 불리한 조건 속에서 엄청나게 큰 수를 나타내는 방법을 고안하였다. 아르키메데스 이전까지 그리스어로 나타낼 수 있는 최대의 수 단위는 기껏해야 1만이었다. 그리스인들은 이것을 M으로 나타냈다.

아르키메데스는 1만의 1만 배($10000 \times 10000 = 100000000 = 10^8$), 즉 1부터 1억 미만까지의 수를 최초의 '옥타드(octad)의 수'라고 불렀다. 제2의 '옥타드의 수'는 1억부터 1억의 1억 배($10^8 \times 10^8 = 10^{16}$)인 10^{16} 미만까지의 수가 된다. 이러한 방법으로 그는 $10^{800000000}$이라는 아찔할 만큼 큰 수에 도달하였다.

1에서 $10^{800000000}$까지의 수를 최초의 '피리어드(period)의 수'라고 불렀다. 또 이 $10^{800000000}$을 바탕으로 제2의 피리어드의 수($10^8 \times 10^{800000000}$), 제3의 피리어드의 수($10^{16} \times 10^{800000000}$)와 같이 얼마든지 큰 수를 만들어 갈 수 있다.

이와 같이 수의 크기를 차례로 나타내면서 세계 중에 흩어진 모래알의 수는 최초의 피리어드 중의 제7의 옥타드의 1000단위와 같은 수, 즉 10^{51}보다 적음을 밝혀냈던 것이다.

인공위성의 시속은 2.9×10^4km, 빛의 시속은 1.08×10^9km, 지구의 무게는 5.4×10^{24}kg, 그리고 인간의 수명을 75세로 보았을 때 일생의 길이는 3.27×10^9초쯤 된다. 이러한 사실에 비추어보면, 10^{51}이라는 수가 얼마나 큰 수인지를 짐작할 수 있을 것이다. 그러나 이것도 유한의 수임에는 틀림없다.

이 아르키메데스의 '모래알 계산'은 우리에게 몇 가지 중요한 사실을 시사해주고 있다.

첫째로, 이 계산을 통해 아르키메데스는 종전의 수의 범위를 엄청나게 확대시켰다는 점이다. 그리스인들은 항상 큰 수를 두려워하고 있었다. 아마 싫어했다는 것이 옳은 표현일지 모른다. 그들이 작은 수의 범위에서 만족하고 있었다는 것은 그리스의 최대 수가 1만까지밖에 없었다는 사실에서도 알 수 있다. 이 점에서 인도인과 그리스인의 수 감각을 비교해보면 흥미롭다. 인도인들에게는 그칠 줄 모르는 큰 수에 대한 갈망이라고 할까, 수에 대한 탐욕이 있었지만, 그리스인은 항상 절도 있게 일정한 한도 내에서 수를 다루고 있었다. 아르키메데스는 그리스인의 이러한 태도를 완전히 벗어나고 있었다.

둘째로, 이 모래알 계산에는 '수는 무한'이라는 사상이 깃들어 있다는 점이다. 얼핏 보면 모래알 계산에서는 수의 명칭, 즉 수사를 새로이 만들어가는 데 지나지 않다고도 말할 수 있다.

그러나 잠깐! 여기서 '콜럼버스의 달걀'의 교훈을 상기해주기 바란다. 콜럼버스가 아메리카 대륙을 발견하고 돌아온 축하 파티 석상에서, 몇몇 짓궂은 친구들이 이렇게 말하면서 그를 빈정댔다.

"뭐, 별것도 아닌 걸 가지고 이렇게 떠들썩거린담? 지구는 둥글기 때문에 계속해서 서쪽을 향해 가면 아메리카 대륙에 도달하게 되는 것은 뻔한 일인데……."

그래서 그 유명한 달걀이 등장한다. 삶은 달걀을 탁자 위에 세워보라는 콜럼버스의 제안에 아무도 성공하지 못했다. 그리하여 콜럼버스가 달걀의 끝부분을 찍어서 평평하게 한 다음 탁자 위에 세워 보이자, 또 이 '참새'족들이 참견한다.

"뭐, 그렇게 하는 것이라면 누구든 할 수 있어."

그 뒤 콜럼버스의 답변은 여러분도 잘 기억하고 있을 것이다.

아르키메데스의 이 '모래알 계산'도 마찬가지이다. 그가 우주에 있는 모래알 수가 유한개에 지나지 않다는 것을 보여준 것은, '무한'의 개념을 뚜렷이 가지고 있어서, 모래알의 수가 무한처럼 많아 보이지

겔론 왕이시여!
제가 이 모래알의
개수가 유한하다는 것을
증명해보겠습니다.

$10^{800000000}$
$10^{8} \times 10^{800000000}$
$10^{16} \times 10^{800000000}$

만 사실은 유한이라는 사실을 확신했기 때문이다. 그렇지 않고서는 당시로서는 헤아릴 수 없는 그 엄청난 크기의 수를 셈해보겠다는 생각이 엄두나 났겠는가? 콜럼버스가 지구가 둥글다는 확신이 있었기에, 갖은 고생 끝에 마침내 미국 대륙을 발견할 수 있었던 것이라면, 아르키메데스는 수는 무한하다는 생각이 있었기에 그렇게 엄청나게 큰 수사를 만들 수 있었던 것이다.

  수, 그것도 엄청난 크기의 수가 우리들의 주변, 아니 우리 자신들 속에 있다는 것을 알고 있는 사람들이 얼마나 될까? 머리 위의 하늘, 발밑의 모래, 주위의 공기, 몸속의 혈액, 이것들 모두가 눈에 보이지 않는 큰 수들을 그 속에 간직하고 있다.

  별들의 수, 우리가 있는 곳에서부터 별에 이르는 거리, 별과 별 사이의 거리, 별의 크기, 별의 나이 등에 관한 이야기를 들을 때 상상 밖의 엄청나게 큰 수를 만나게 된다.

  이 지구상에 흩어진 모래알의 개수에 대해서는 이미 아르키메데스가 계산해놓았기 때문에 그렇다 치고, 우리가 숨 쉬고 있는 공기 속에는 가장 큰 '수의 거인'이 숨어 있다. $1m^3$마다 27,000,000,000,000,000,000개나 포함되어 있는 '분자'라고 불리는 미립자의 집합이다.

  이 수가 얼마나 큰 수인지는 상상조차 힘들다. 만일 지구상에 이것과 같은 수의 사람이 산다면 사람들을 수용하는 장소가 부족할 정도가 아니라, 모두 질식해 죽어버리게 된다.

  실제로 지구의 표면적은 육지와 바다를 합쳐 $500,000,000km^2$가 되는데 이것을 m^2로 고치면 500,000,000,000,000m^2가 된다.

그리고 27,000,000,000,000,000,000을 이 수로 나누면 54,000이 된다. 즉 이것은 분자의 개수와 같은 수의 사람이 지구상에 살려면 1m^2의 땅에 5만 명 이상의 사람이 살아야 한다는 것을 뜻한다.

현미경으로 한 방울의 혈액을 살펴보면 적혈구라는 극히 작은 물체가 무수히 헤엄치고 있는 것을 볼 수 있다. 이 적혈구가 1mm^3의 핏방울 속에 500만 개나 들어 있다. 그렇다면 우리 몸속에는 모두 얼마나 들어 있는 것일까?

한 사람의 몸속에는 몸무게를 나타내는 킬로그램(kg)당 약 $\frac{1}{14}l$의 혈액이 있다. 만일 몸무게가 40kg이면 몸속에는 약 $3l$, 즉 3,000,000mm^3의 혈액이 들어 있다. 1mm^3의 혈액에는 500만 개의 적혈구가 들어 있기 때문에 몸 속에 들어 있는 적혈구 전체의 수는 15조 개나 되는 셈이다.

이 적혈구의 숫자는 그야말로 엄청난 것이다. 적혈구 한 개의 지름은 약 0.007mm이기 때문에 이것들을 일렬로 늘어세우면 그 길이는 105,000km가 된다. 그러니까 몸무게가 40kg인 학생의 경우 그 학생 몸속의 적혈구의 대열은 100,000km 이상이나 이어지는 셈이다.

거듭제곱이 만든 수
불교가 만든 수의 세계

거듭제곱하면 뜻하지 않은 엄청나게 큰 수가 된다는 사실에 관한 재미있는 옛 이야기가 있다.

어느 젊은이가 부자 노랑이 영감집에 머슴살이를 하게 되었다. 보수를 흥정하는데, 이 새 머슴은 다음과 같은 제안을 했다.

"첫날은 쌀 한 톨만 주십시오. 이튿날은 두 톨, 사흗날은 그 두 배인 네 톨, … 이런 식으로 매일매일 그 전날의 두 배씩 쌀을 주시면 됩니다."

구두쇠 주인은 이 바보스러운 제안을 듣고, 얼씨구 좋다고 당장에 굳게 약속을 하였다. 그러나 웬걸, 얼마 지나지 않아 재산이 몽땅 머슴에게 넘어가게 되자 살려달라고 애걸하게 되었다고 한다.

옛날 어느 서양의 수학책에는 다음과 같은 문제가 있다.

"7명의 할머니가 절에 갔다. 이들 할머니는 각각 7마리의 소를 끌고 갔으며, 소마다 7개의 자루를 등에 실었다, 그 자루 속에는 7개의 떡이 들어 있는데 그 떡에는 각각 7개의 주머니칼이 달렸고, 또 주머니칼마다 7장의 종이가 감겨 있었다. 종이는 모두 몇 장일까?"

주머니칼에 감겨 있는 종이의 매수는 모두 $7^6 = 117,649$나 된다. 이런 문제는 동양에도 있어서,《손자산경(孫子算經)》이라는 옛 중국의 수학 교과서에는 $9^8 = 43,046,721$을 셈하는 계산 문제가 실려 있다.

우리나라에 전해진 중국의 수학책에는 다음과 같이 큰 수의 명칭이 소개되어 있다. 그 명칭 중 하나인 '항하사(恒河沙)'는 인도 갠지스 강의 모래알의 수라는 뜻이다.

십 十 ▷ 10	조 兆 ▷ 10^{12}	구 溝 ▷ 10^{32}	항하사 恒河沙 ▷ 10^{52}
백 百 ▷ 10^2	경 京 ▷ 10^{16}	간 澗 ▷ 10^{36}	아승기 阿僧祇 ▷ 10^{56}
천 千 ▷ 10^3	해 垓 ▷ 10^{20}	정 正 ▷ 10^{40}	나유타 那由他 ▷ 10^{60}
만 万 ▷ 10^4	자 秭 ▷ 10^{24}	재 載 ▷ 10^{44}	불가사의 不可思議 ▷ 10^{64}
억 億 ▷ 10^5	양 穣 ▷ 10^{28}	극 極 ▷ 10^{48}	무량대수 無量大數 ▷ 10^{68}

지금이야 나라의 예산 규모도 커져서 조(兆) 자리까지의 수를 사용한다지만, 그 이상의 수는 일상생활에서는 거의 사용하지 않는다. 그런데 상업활동도 보잘것없던 저 먼 옛날에, 왜 하필이면 이런 엄청난 수를 생각해냈을까? 이러한 명칭(명수법(命數法))은 아마도 불교의 영향일 것이라는 설이 있다. 실제로 불경에는 아주 큰 수들이 등장하는데, 그것은 인간이 몸담고 있는 이 세계가 무궁한 우주에 비하면 아무것도 아니며, 따라서 아무리 큰 수를 생각해도, 이보다 더 큰 수가 있다는 것을 깨우쳐 주기 위한 것 같다.

작은 수의 명칭 역시 불교의 영향이다. 이 중 진(塵), 애(埃)는 '먼지'를 뜻하는 말로, 본래 인도에서는 가장 작은 양을 나타내었다고 한다. 재미있는 것은 깜빡하는 순간을 일컫는 찰나(刹那)를 10^{-18}으

분分 $\triangleright 10^{-1}$	사沙 $\triangleright 10^{-8}$	수유 須臾 $\triangleright 10^{-15}$
리厘 $\triangleright 10^{-2}$	진塵 $\triangleright 10^{-9}$	순식 瞬息 $\triangleright 10^{-16}$
모毛 $\triangleright 10^{-3}$	애埃 $\triangleright 10^{-10}$	탄지 彈指 $\triangleright 10^{-17}$
사糸 $\triangleright 10^{-4}$	묘渺 $\triangleright 10^{-11}$	찰나 刹那 $\triangleright 10^{-18}$
홀忽 $\triangleright 10^{-5}$	막漠 $\triangleright 10^{-12}$	육덕 六德 $\triangleright 10^{-19}$
미微 $\triangleright 10^{-6}$	모호 模糊 $\triangleright 10^{-13}$	허공 虛空 $\triangleright 10^{-20}$
섬纖 $\triangleright 10^{-7}$	준순 浚巡 $\triangleright 10^{-14}$	청정 淸淨 $\triangleright 10^{-21}$

로 나타낸 점인데, 이와 같이 짧은 시간을 수량적으로 표시한 인도인의 발상이 기막히다.

상상도 못할 만큼 엄청나게 큰 수, 그리고 숨만 살짝 쉬어도 날아가버릴 것 같은 미세한 수를 생각해낸 인도인의 생각 속에는 "아무리 넓고 큰 곳에도, 아무리 좁고 작은 곳에도 부처님은 항상 계신다"라는 믿음이 뒷받침되어 있음이 틀림없다. 나무아미타불!

지금처럼 단추만 누르면 답이 척척 나오는 전자계산기가 없었던 옛날 사람들은 이렇게 큰 수가 신기하기도 하였거니와, 이런 수를 다루는 데서 매우 큰 놀라움과 즐거움을 느꼈던 것 같다.

모든 씨앗의 싹이 튼다면
수학으로 설명할 수 없는 자연의 섭리

양귀비꽃 한 송이의 씨방에는 약 3,000개의 씨앗이 담겨 있다. 만일 주위에 충분히 넓은 땅이 있어 떨어진 씨앗들이 모두 자란다고 하면, 이듬해 여름에는 이 자리에 3,000송이의 양귀비가 자랄 것이다.

3,000그루의 양귀비에는 각각 3,000개의 씨앗이 담긴 씨방이 적어도 한 개씩은 있기 때문에 이 씨앗들이 모두 죽지 않고 자란다면 2년째에는 적어도

$$3,000 \times 3,000 = 9,000,000(개)$$

의 양귀비가 생긴다. 3년째에는

$$9,000,000 \times 3,000 = 27,000,000,000(개)$$

그리고 5년째에는

$$81,000,000,000,000 \times 3,000 = 243,000,000,000,000,000(개)$$

....

이쯤 되면 양귀비가 자라기에는 지구가 너무 좁을 것이다. 지구상의

모든 육지의 면적은 135,000,000km², 즉 135,000,000,000,000m²이고, 이것은 5년째의 양귀비 송이 수의 약 $\frac{1}{2000}$ 에 지나지 않기 때문이다.

양귀비보다 씨앗의 개수가 적은 다른 식물의 경우도 같은 결과가 나타난다. 물론 이 경우에는 지구상의 육지 전체를 덮을 때까지 5년 이상 걸리기는 하지만.

가령 해마다 약 100배의 민들레 씨앗이 생기는 경우를 예로 들어보자. 만일 모든 씨앗이 죽지 않고 자란다면 9년째에는 전 육지의 면적을 m²로 나타냈을 때의 약 70배가 된다는 사실을 아래의 표를 보면 쉽게 짐작할 수 있다. 따라서 그때 지구상의 육지는 1m²당 70그루의 민들레로 덮이고 말 것이다.

1년째	1개
2년째	100개
3년째	10,000개
4년째	1,000,000개
5년째	100,000,000개
6년째	10,000,000,000개
7년째	1,000,000,000,000개
8년째	100,000,000,000,000개
9년째	10,000,000,000,000,000개

그렇다면 실제로는 왜 이와 같은 급속도의 증가가 일어나지 않는 것일까? 그것은 엄청난 양의 씨앗이 싹을 트지 못하고 죽어 버리기 때문이다. 적합한 땅 위에 떨어지지 않아서 전혀 자라지 못하거나, 자라기 시작하면서 다른 식물에 눌려서 죽거나, 동물의 먹이가 되어

버리는 경우가 대부분이다.

　식물뿐만 아니라 동물의 경우도 마찬가지로 죽지 않고 산다면 20～30년 내에 이 지구는 숲이나 대초원으로 온통 덮이고 짐승들이 넘쳐 숨막히는 세상이 되고 만다. 자연의 섭리는 이토록 깊다.

《걸리버 여행기》의 주인공 걸리버가 소인국 릴리펏에 도착했을 때, 그곳 사람들은 그에게 매일 릴리펏 사람 1,728인분의 음식을 지급하기로 했다. 걸리버의 말을 들어보면, 그의 식사는 다음과 같이 요란스러운 것이었다.

"300명의 요리사가 내 식사를 준비했으며, 내 집 주위에는 다른 작은 집들이 세워지고, 거기서 요리사들은 가족들과 함께 지내면서 요리를 했다. 식사 때마다 나는 20명의 급사를 식탁 위에 집어 올려 주었다. 그러면 마루에 100명쯤의 또 다른 급사들이 대령하고 있어서, 어떤 사람은 음식 접시를 내밀고, 어떤 사람들은 포도주며 다른 음료를 담은 통을 두 사람씩 어깨에 걸친 막대로 운반하기도 했다. 식탁 위에 있는 급사는 내가 원하는 것을 밧줄과 도르래를 이용하여 무엇이건 끌어올렸다."

또 걸리버는 다음과 같이 말하고 있다.

"나를 서울로 보내는데 가장 큰 말 1,500필을 준비했다."

그런데 릴리펏인들은 도대체 어떻게 계산했기에 이렇게 많은 양의 음식을 걸리버에게 제공했던 것일까? 그리고 단 한 사람의 시중을 드는데 이처럼 많은 급사가 필요했을까? 걸리버의 키는 기껏해야 릴리펏인들보다 12배 컸을 뿐인데 말이다. 걸리버와 이 소인국의 말의 크기가 아무리 차이가 있었다 해도 1,500필이란 숫자는 너무 지나친 것 같다.

그러나 실제로 계산해보면 이것은 결코 터무니없는 것이 아니다.

릴리펏인들의 키는 걸리버의 12분의 1이기 때문에, 몸 전체의 크기(부피)는 $12 \times 12 \times 12$, 곧 1728분의 1에 해당한다. 따라서 릴리펏인들보다 12배 큰 걸리버는 목숨을 지탱하기 위해서는 그들의 1,728

인분의 음식을 섭취해야 한다는 계산이 된다.

이렇게 따지면 요리사의 수가 그렇게 많았던 이유를 이해할 수 있을 것이다. 1,728인분의 요리를 장만하기 위해서 한 사람의 요리사가 6인분의 요리를 마련할 수 있다고 해도 300명쯤은 필요했을 것이다. 시중꾼이 100명쯤 되었다는 것도 이 사실로 미루어 당연히 그랬어야 한다고 믿어진다.

또 걸리버의 몸의 부피가 릴리펏인의 1,728배였기 때문에 물론 그의 몸무게도 그만큼 무거워야 한다. 그를 말로 운반하는 것은 1,728명의 성인 릴리펏인을 한꺼번에 운반하는 것과 마찬가지인 엄청난 작업이다.

걸리버를 태운 운반차를 끄는 이 소인국의 말이 왜 이토록 많이 필요했는지를 이제 알게 되었을 것이다. 이 작품을 쓴 스위프트는 정확하게 셈을 하고 있었던 것이다.

2로 만든 가장 큰 수
600년 전에는 조상이 100만 명?

숫자 2를 세 번 써서 나타낼 수 있는 수 중에서 가장 큰 수는 무엇일까? 이 질문에 많은 사람들은 다음의 네 가지 수를 떠올릴 것이다.

$$222, 22^2, 2^{22}, 2^{2^2}$$

계산을 해보면 쉽게 알 수 있지만 이 중에서 가장 작은 수는 $2^{2^2}=2^4=16$이고, 다음은 222, 그 다음에는 $22^2=484$이다. 최대의 수는 $2^{22}=4,194,304$이고 약 4×10^6이다.

그렇다면 2를 네 번 쓰면 어떻게 될까? 작은 수부터 차례로 적어보면 다음과 같다.

$$2^{2^{2^2}}, 2222, 222^2, 2^{2^{22}}, 2^{22^2}, 22^{22}, 2^{222}$$

그리고 이것들은 각각 3자릿수, 4자릿수, 5자릿수, 14자릿수, 14자릿수, 30자릿수, 67자릿수이다.

여기서, 67자릿수 중 가장 작은 수라고 하면 10^{66}인데, 이 수는 '백불가사의'이며 1,000억을 여섯 번 곱해야 얻어지는 수이다.

2를 네 번 사용하는 것만으로 이렇게 엄청나게 큰 수가 생긴다고
는 상상해보지도 못했을 것이다.

자, 그러면 다음 문제를 생각해보자.

지금 살아 있는 사람은 누구나 두 사람의 부모와 네 사람의 조부
모, 그리고 여덟 사람의 증조부모를 갖는다. 즉, 1세대 전에는 2명, 2
세대 전에는 $2 \times 2 = 2^2$명, 또 4세대 전에는 $2 \times 2 \times 2 \times 2 = 2^4$명의 조
상이 있었다. 이런 식으로 따진다면, 일반적으로 n세대 전의 조상의
수는 $2 \times 2 \times 2 \times \cdots \times n$(2를 n번 곱한 것), 즉 2^n명이 된다.

여기서 1세대를 30년으로 잡는다면 600년 전, 그러니까 20세대
전까지 거슬러 올라가면 사람마다 2^{20}명, 자그마치 1,048,576명의 조
상이 있었던 셈이 된다.

이런 방법으로, 지금으로부터 600년 전에는 지구상에 현재의 약
100만 배쯤 되는 사람들이 있었다는 것을 증명한 사람이 있다. 그러
나 이 사람의 생각에서 잘못된 점을 지적하기 위하여 인구 조사 전
문가의 힘을 빌릴 필요는 없다. 여러분도 금방 알 수 있을 테니까 말
이다.

하여간 2가 작은 수라고 해서 결코 얕보아서는 안 된다. 2는 컴퓨
터에 쓰이는 등 놀라운 성질을 지니고 있다.

2
집합과 셈

유한의 세계에서는 늘 '전체는 부분보다 크다'는 것이
상식이다. 그러나 무한의 세계에 접어들면 이 상식은
무너져버린다.

무한을 셈한다!
무한집합의 대등 관계

유치원 어린이의 수 셈

유아용의 수학책에는 어린이 몇 명과 자전거 몇 대를 그려놓은 후 어느 쪽이 많은지를 묻는 문제가 실려 있다. 이 문제를 풀려면 어린이 한 명과 자전거 한 대씩을 짝지은 다음 자전거가 남았다면 자전거가 많다고 하면 정답이다.

이러한 짝짓기(공평분배)를 '일대일'이라고 부르는데, 수의 개념이 확립되어 있지 않은 어린이들에게 수의 대소 관계를 이해시킬 수 있는 것은 바로 이 '일대일대응'의 덕택이다. 즉 어린이와 자전거를 하나씩 짝짓는 이 과정이 일대일대응의 원형인 것이다. 따라서 일대일 대응은 처음에 셈을 배우기 시작하는 어린이에게 꼭 필요한 것이다.

보통 우리는 무한개의 양이 되면 손들어버리고 무한은 무한이다, 즉 무한은 모두 같은 것으로 간주한다. 이러한 상식을 깨고 '무한개 중에도 큰 무한개와 작은 무한개가 있다'는 것을 밝힌 사람이 독일의 수학자 칸토어(G. Cantor, 1845~1918)이다.

그가 세웠던 '집합론(集合論)'이라는 수학은 유치원생의 짝짓기에 의해서 양의 대소를 판가름하는 방법을 확장해서 만든 이론에 지나지 않은(?) 것이다. 아무튼 무한 개를 더 세분한다는 그의 발상이 '일대일대응'을 바탕으로 한 것만은 틀림없다.

칸토어 | 일대일대응을 이용해 무한집합의 대소관계를 밝혔다.

칸토어는 무한개의 원소로 된 두 집합 사이에 일대일의 관계가 성립할 때, 이 두 집합의 '농도(원소의 수)'는 같다고 정했는데, 이것은 바로 자전거 수와 어린이 수의 대소를 따져본 것과 같은 생각에서 나온 것이다.

무한을 셈해보자

칸토어가 정했던 '두 집합 사이에 일대일의 관계가 성립할 때 두 집합의 농도(원소의 수)는 같다'라는 약속(정의)에 대해서 다시 생각해보자. 이 약속은 원소의 수가 유한개(유한집합)이든 무한개(무한집합)이든 상관없이 통용된다.

그러나 이 약속대로 따져나가면, 무한집합에서는 우리의 상식으로는 도저히 납득할 수 없는 일이 벌어진다. 유한의 세계에서는 늘 '전체는 부분보다 크다'는 것이 상식이다. 그러나 무한의 세계에 접어들면 이 상식은 무너져버린다.

지금 무한히 많은 재산을 가진 부자가 세 자녀들에게 재산을 고루 나누어준다고 할 때 한 사람 몫은 얼마나 될까? 놀랍게도 세 사람 모두 아버지처럼 무한히 많은 재산을 얻게 되고, 게다가 더 놀라운 것은 아버지의 재산이 조금도 줄지 않고 그대로 남아 있다!

두 집합의 농도가 같을 때, 즉 두 집합 사이에 일대일의 관계가 성립할 때 이 두 집합을 '대등'이라고 부르기로 하자.

이 새로운 용어를 써서 말한다면, 어떤 유한집합이든 그 진부분집합(자기 자신을 제외한 부분집합)과 대등일 수는 없지만, 무한집합의 경우 자기 자신과 대등인 진부분집합이 반드시 있다. 앞에서 이야기

아직도 그대로네.

한 무한의 재산을 가진 부자의 재산 분배가 그 예이다. 때때로 무한 집합을 '자기 자신과 대등인 진부분집합을 갖는 집합'이라고 정의하기도 한다.

예를 들어 집합 A, B가 있다.

$$A = \{0, 1, 2, 3, 4, 5, 6, 7, 8, 9\}$$
$$B = \{0, 2, 4, 6, 8\}$$

B는 A의 (진)부분집합이지만 A와는 대등이 아니다. 물론 이 밖에 A의 어떤 진부분집합을 생각해도 결코 A 자신과 대등인 것은 없다.

한편, 자연수 전체의 집합(무한집합) N과 짝수 전체의 집합(이것도 무한집합) E를 비교해보면, E는 분명히 N의 (진)부분집합이지만, 이 둘 사이에는 일대일의 관계가 성립한다.

$$N = \{1, 2, 3, 4, \cdots, n, \cdots\}$$
$$\Downarrow\Downarrow\Downarrow\Downarrow \quad \Downarrow$$
$$E = \{2, 4, 6, 8, \cdots, 2n, \cdots\}$$

이 사실을 맨 처음에 지적한 사람은 "그래도 지구는 돈다"라는 말로 유명한 갈릴레이였다.

하지만 위와 같이 하지 않고, N의 2, 4, 6, 8, $\cdots$에 E의 2, 4, 6, 8, $\cdots$을 그대로 대응시키면 이빨이 빠진 모양이 되어서 일대일대응이 안 된다는 의문이 나올지도 모른다. 그러나 앞에서 두 집합의 대등 조건을 '일대일의 관계가 성립할 때'라고 한 것은, 언제나 성립한다는 뜻이 아니고 어떤 한 가지 방법으로 그렇게 할 수만 있으면 된다는 것이었음을 명심해주기 바란다. 뒤집어 말한다면 어떤 방법을 써도 일대일대응이 생기지 않을 때, '두 집합은 대등이 아니다' 또는 '농도가 같지 않다'라고 한다.

이렇게 생각하면 홀수의 집합 O도 N의 진부분집합이지만, N과 대등이다. 다음과 같이 N과 O를 일대일로 대응시키는 방법이 있기 때문이다.

$$N = \{1, 2, 3, 4, \cdots, n, \cdots\}$$
$$O = \{1, 3, 5, 7, \cdots, 2n-1, \cdots\}$$

문제는 이것으로 끝나지 않는다. 자연수의 집합 N은 자기 자신의 부분집합과 대등일 뿐만 아니라, N도 다른 집합의 부분집합이면서 그 집합과 대등이다. 그런데 $N = \{1, 2, 3, \cdots\}$과 대등인 집합이라는 것은 요컨대, 그 집합의 원소에 빠짐없이 1, 2, 3, $\cdots$과 같이 번호를 붙여갈 수 있다는 것, 그러니까 쉽게 말해서 원소 모두를 하나, 둘, 셋, $\cdots$과 같이 셈해나갈 수 있다는 뜻이다. 자, 그러면 그런 집합을 찾아보자.

먼저 정수의 집합 I부터 따져보자.

자연수의 집합 N은 분명히 정수의 집합 I의 진부분집합이다. 그러나,

$$I = \{\cdots, -2, -1, 0, 1, 2, 3, \cdots\}$$

에 번호를 붙여갈 수만 있으면 이 두 집합은 대등이다. 문제는 번호를 붙이는 방법이 있냐는 것이다. 있다! 다음 그림과 같이 하면 된다.

또 다음과 같이 하면 유리수(정수의 분모(단, 0은 제외) · 분자를 갖는 분수꼴로 나타낼 수 있는 수)의 집합의 원소에 낱낱이 번호를 붙여갈

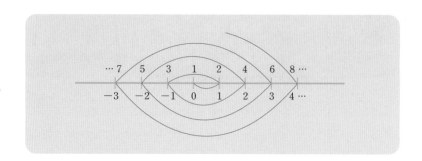

수 있기 때문에 유리수의 집합 Q와 자연수의 집합 N은 대등이다.
물론 N은 Q의 진부분집합이다.

정수의 집합, 유리수의 집합 등 번호를 빠짐없이 붙여갈 수 있는
집합들은 '가산개(可算個, 셈할 수 있는 개수라는 뜻)의 농도를 갖는다'
라고 한다. 즉, 가산개의 농도를 갖는 집합은 겉보기에 아무리 크게
보인다 해도 자연수의 집합과 크기가 같은 것들이다.

$$\cdots \; -3 \qquad -2 \leftarrow -1 \qquad 0 \qquad 1 \rightarrow 2 \qquad 3 \rightarrow \cdots$$
$$\downarrow \qquad \uparrow \quad \downarrow \qquad \uparrow \quad \downarrow \qquad \uparrow$$
$$\cdots -\frac{3}{2} \qquad -\frac{2}{2} \qquad -\frac{1}{2} \qquad \frac{0}{2} \rightarrow \frac{1}{2} \qquad \frac{2}{2} \qquad \frac{3}{2} \cdots$$
$$\downarrow \qquad \uparrow \qquad\qquad\qquad \downarrow \qquad \uparrow$$
$$\cdots -\frac{3}{3} \qquad -\frac{2}{3} \qquad -\frac{1}{3} \leftarrow \frac{0}{3} \leftarrow \frac{1}{3} \leftarrow \frac{2}{3} \qquad \frac{3}{3} \cdots$$
$$\downarrow \qquad\qquad\qquad\qquad\qquad\qquad\qquad \uparrow$$
$$\cdots -\frac{3}{4} \qquad -\frac{2}{4} \rightarrow -\frac{1}{4} \rightarrow \frac{0}{4} \rightarrow \frac{1}{4} \rightarrow \frac{2}{4} \rightarrow \frac{3}{4} \cdots$$

$$\cdots -\frac{3}{5} \qquad -\frac{2}{5} \rightarrow -\frac{1}{5} \rightarrow \frac{0}{5} \rightarrow \frac{1}{5} \rightarrow \frac{2}{5} \rightarrow \frac{3}{5} \cdots$$
$$\cdots\cdots$$

앞의 그림과 같이 화살표를 따라서 번호를 붙여가면, 하나도 빠짐없이 유리수를 모두 셈할 수 있다. 단 1, $\frac{2}{2}$, $\frac{3}{3}$, …과 같이 일단 번호를 붙여버린 수는, 그 다음부터 건너뛰어서 나가야 한다.

자연수보다 더 큰 집합
실수의 집합은 셈할 수 없다

그러나 무한 중에는 가산이 아닌 것도 있다. 도저히 번호를 붙일 수 없는, 아니 붙였다고 생각하면 아직 번호가 없는 원소가 계속 나타나는 그런 집합 말이다. 그 대표적인 것이 임의의 선분을 메우고 있는 점들의 집합이다.

별것도 아닌 짤막한 선분 속에 그렇게 많은 점들이 들어 있다니, 도저히 믿어지지 않는다고 말하는 사람도 있을 것이다. 그뿐만 아니라 아무리 길이가 짧은 선분 속에도, 반대로 아무리 긴 선분 속에도, 아니 직선 전체 속에 들어 있는 점들의 개수는 모두 똑같다. 설마? 라고 의심하는 사람은 다음 그림을 통해 이 사실을 확인해주기 바란다.

선분 AB, 선분 A′B′, 직선 XY를 메우고 있는 점의
개수는 모두 똑같다!

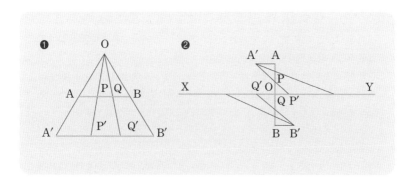

❶에서 한 점 P를 정해 놓고, OP를 연장하면, P′가 정해지고, 역으로 Q′를 정해 놓고 OQ′를 이으면, Q가 정해지는 것은 명백하다. 또, ❷에서 AB는 선분, XY는 직선이다. A로부터 AA′를, B로부터 BB′를 XY에 평행하게 긋는다. O는 AB의 점이자 XY의 점이기도 하기 때문에, 이 점에서 AB의 한 점과 XY의 한 점이 대응하고 있다. 나머지는 그림에서 알 수 있는 바와 같이 AB의 부분과 XY의 부분이 일대일로 대응한다.

실수 집합의 원소 전체를 1, 2, 3, …과 같이 셈해 나갈 수 없다는 것은, 이런 식으로 셈하면 반드시 누락되는 원소가, 그것도 무한히 생겨버린다는 것을 뜻한다. 칸토어는 이 사실을 '대각선 논법'이라는 아주 재미있는 방법으로 증명하였다. 그것이 어떤 방법인가를 알게 되는 것만으로도 이 증명의 내용을 알아볼 가치는 충분히 있다.

이 증명은 대각선상에 있는 수를 문제 삼고 있기 때문에 '대각선 논법'이라고 부르고 있다.

여기서는 $0 < x \leqq 1$인 실수 x 전체의 집합이 가산이 아니라는 것을 증명한다. 실수 전체의 집합은 이 x 전체의 집합과 농도가 같다.

귀류법을 사용한다. 이 x의 집합과 자연수 전체의 집합 사이에 일대일대응이 성립한다고 가정한 후, 이때 모순이 생긴다는 사실을 들추어냄으로써 이 가정이 잘못이라는 것, 그래서 결국 x의 집합의 농도(실수 전체의 집합의 농도)는 가산이 아님을 밝히겠다.

모든 x는 무한소수로서 꼭 한 가지 방법으로만 나타낼 수 있다. 유한소수인 경우는 예를 들어 $1 = 0.999\cdots$와 같이 나타낸다.

즉, $x = 0.a_1 a_2 a_3 \cdots a_n \cdots$ (단, a_1, a_2, a_3, $\cdots$ 등은 0, 1, $\cdots$, 9 중의 숫자)과 같이 가정에 의해서 이러한 모든 무한소수 x에 다음과 같이 번호를 붙일 수 있다.

$$x_1 = 0.a_{11}\,a_{12}\,a_{13}\,\cdots\cdots\,a_{1n}\,\cdots\cdots$$
$$x_2 = 0.a_{21}\,a_{22}\,a_{23}\,\cdots\cdots\,a_{2n}\,\cdots\cdots$$
$$x_3 = 0.a_{31}\,a_{32}\,a_{33}\,\cdots\cdots\,a_{3n}\,\cdots\cdots$$
$$\cdots\cdots\quad\cdots\cdots\quad\cdots\cdots\quad\cdots\cdots$$
$$a_n = 0.a_{n1}\,a_{n2}\,a_{n3}\,\cdots\cdots\,a_{nn}\,\cdots\cdots$$
$$\cdots\cdots\quad\cdots\cdots\quad\cdots\cdots\quad\cdots\cdots$$

여기서 다음과 같은 무한소수 y를 생각해보자.

y의 소수 첫째자리 수는 x_1의 소수 첫째자리의 수와는 다르다.

y의 소수 둘째자리 수는 x_2의 소수 둘째자리의 수와는 다르다.

$\cdots\cdots$

y의 소수 n째자리 수는 x_n의 소수 n째자리의 수와는 다르다.

$\cdots\cdots$

이 소수 y는 분명히 조금 전에 번호를 붙인 소수 중에는 들어 있지 않다. 그렇다면, 이 y를 그 속에 포함시키면 되지 않을까? 그러나 일은 그렇게 간단하지가 않다. y에까지 번호를 붙인다 해도 다시 같은 방법으로, 번호가 붙여지지 않은 새로운 소수 y'가 나오고, 한없이 꼬리에 꼬리를 물고 새로운 소수가 등장한다. 결국 처음의 가정은 잘못된 것이었다!

어느 쪽이 더 많을까?
유리수와 무리수의 크기 비교

먼저 해두고 싶은 몇 마디

유리수의 집합은 무한집합이기는 하지만 기껏(?) 가산개의 농도(자연수의 집합과 같은 농도)를 가지고 있을 뿐이다. 이에 비하면 실수의 집합은 한 차원 더 높은 농도를 가지고 있다는 것을 이제 알았다. 즉, 실수의 집합은 그 원소 모두에게 빠짐없이 번호를 붙일 수는 도저히 없는, 비가산(非可算)의 농도를 가지고 있다.

그렇다면 다음의 의문이 당연히 나올 만하다. 실수의 집합은 유리수와 무리수의 집합으로 되어 있는데, 실수의 집합이 비가산이고 유리수의 집합이 가산이라고 한다면, 무리수의 집합은 도대체 가산인가, 비가산인가? 만일 가산이라 한다면 가산＋가산＝비가산(?)이 되는 것일까? 이쯤 되면 본격적인 수학이 되고 말지만, 처음의 궁금증이 워낙 절실한 것이기 때문에 그냥 넘어갈 수도 없다.

그러나 의문을 풀기 위해서는 몇 가지 예비 지식이 필요하다.

무리수의 충격

유리수와 자연수는 개수가 같다는 증명을 똑똑히 눈으로 보고도 여전히 마음속으로는 고개를 갸우뚱거리는 사람이 적지 않을 것이다. 피사의 사탑에서의 갈릴레이의 실험을 눈앞에 보면서도 가벼운 물건은 언제나 무거운 것보다 그만큼 나중에 땅에 떨어진다는 이전의 상식을 버리지 못했던 사람들처럼 말이다.

그러나 상식을 고집하는 쪽에도 그 나름의 이유가 있다. 그 이유 중의 하나가 '조밀성(稠密性)'이라는 유리수 집합이 지닌 성질이다.

조밀성이란, 꽉 박혀서 빈틈이 없는 것을 말한다. 유리수 전체의 집합은 이 성질을 가지고 있다.

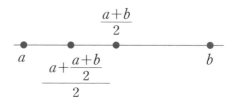

임의의 유리수 a, b의 사이에는 또 다른 유리수 $(a+b)/2$가 있고, 이 $(a+b)/2$와 a 사이에는 $\{a+(a+b)/2\}/2$라는 또 다른 유리수가 있다. 이런 방법으로 얼마든지 새로운 유리수를 계속 찾아낼 수 있기 때문에, 유리수에는 이웃이라는 게 없다. '이것이 이웃이다!'라고 생각해도 그것과 자신 사이에 또 다른 유리수가 있으니까 말이다. 이러한 조밀성을 가지고 있는 유리수 전체의 집합이 1, 2, 3, …이라는 드문드문한 자연수의 집합과 대등이라고 한다면 의아스럽게 생각하는 것이 오히려 솔직한 심정일지 모른다.

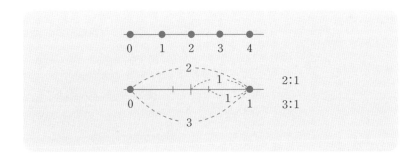

　직선상에 유리수를 표시해가면, 이 조밀성 때문에 직선은 유리수
들만으로 꽉 메워질 것 같다. 그런데도 한 변의 길이가 1인 정사각형
의 대각선의 끝점에 대응하는 유리수는 없다. 이런 것이 하나만 있
다면 모르지만, 유리수로 나타낼 수 없는 길이는 이것뿐이 아니다.

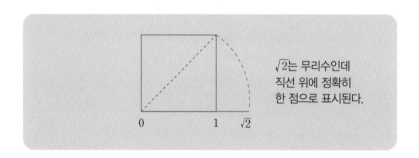

√2는 무리수인데
직선 위에 정확히
한 점으로 표시된다.

이렇게 되면, 이 직선을 수에 대응시켜서 생각할 때, 무리수라는 것을 가지고 있지 않았던 그리스인들로서는, '직선은 빈틈이 없으면서 빈틈 투성'이라는 기묘한 모순에 빠지게 된다. 그렇다면 이 말썽 많은 수보다는 도형 쪽이 안전하다는 생각이 들어, 그리스인들은 수학을 기하학 쪽으로 돌리게 된 것이다. 그리스 수학의 특징이 기하학에 있는 것은 이런 데서 비롯되었다.

무리수의 정의
유리수의 빈틈을 메운 무리수

보통 실수란 유리수와 무리수를 합친 수집합, 유리수란 분수꼴로 나타낼 수 있는 수, 그리고 무리수란 분수꼴로는 나타낼 수 없는 수로 통해왔다.

실수의 집합

사실 그렇다. 그러나 잘 생각해 보면 이상한 데가 있다. 무리수가 '유리수가 아닌 수'로 정의되어 있는 대목 말이다. 이 정의는, 무리수의 집합은 '실수의 집합에 관한 유리수 집합의 여집합'이라고 말하는 것과 같다. 그런데 실수는 유리수와 무리수를 합친 것, 즉 '유리수와 무리수의 합집합'이어서, 결국 같은 말이 돌고 도는 순환론에 빠지고 있는 것이다.

이 순환론에서 빠져나오는 길은 두 가지가 있다. 그 하나는 유리수를 이미 아는 것으로 하여, 여기서부터 무리수의 개념을 만드는 것이고, 또 하나는 먼저 실수 전체를 정의해놓은 다음, 그 속에서 유리수 집합의 여집합으로서 무리수 집합을 정의하는 일이다.

이 중의 첫 번째 방법을 써서 무리수를 정의한 사람이 데데킨트(Dedekind, 1831~1916)이다. 데데킨트는 유리수 전체를 아주 예리한 칼로 자른다는 개념의 '유리수의 절단(切斷)'이라는 방법으로 무리수를 엄밀하게 정의하였다. 그 결과 지금은 '조밀하기는 하지만 빈틈이 있는' 유리수 사이에 무리수가 확고하게 제 위치를 차지하게 되었고, 이로써 수직선은 완전히 빈틈이 없는 것이 되었다.

예를 들어 a와 b가 유리수일 때, $a^2 < 2 < b^2$을 만족하는 a의 집합 A와 b의 집합 B로 절단하면 칼날이 닿는 부분은 A와 B 어느 쪽에도 속하지 않는다. 이 부분이 바로 무리수이다.

실제로 A의 원소 (a)는

    1.4, 1.41, 1.414, 1.4142,

    1.41421, 1.414213, 1.4142137, 1.41421379, ⋯

한편 B의 원소 (b)는

    1.5, 1.42, 1.415, 1.4143

    1.41422, 1.414215, 1.4142141, 1.41421380, ⋯

와 같이 양쪽 모두 $\sqrt{2}$에 한없이 접근한다.

TIP 유리수의 절단

유리수 전체 Q를 두 개의 부분집합 A와 B로 다음과 같이 나눈 것을 '유리수의 절단'
이라고 한다.

A와 B를 합치면 유리수 전체다. 즉, $A \cup B = Q$

A와 B에는 공통의 원소가 없다. 즉, $A \cap B = \phi$

A의 모든 원소는 B의 모든 원소보다 작다.

즉, $a \in A$, $b \in B$이면 $a < b$

유리수의 절단

이 유리수의 절단에서는 다음 네 가지 경우를 생각할 수 있다.

(1) A에 최대의 수가 있고, B에 최소의 수가 없을 때

(2) A에 최대의 수가 없고, B에 최소의 수가 있을 때

(3) A에 최대의 수가 있고, B에도 최소의 수가 있을 때

(4) A에 최대의 수가 없고, B에도 최소의 수가 없을 때

유리수 전체를 아주 예리한 칼(머릿속에서만 생각할 수 있는 칼)로 베었을 때, 칼날이
닿는 부분으로 위의 네 가지 경우를 생각할 수 있다.

이 중, 첫 번째와 두 번째는 분명히 칼날이 유리수에 닿는다. 그러나 세 번째의 경우는
있을 수 없으므로 제외시킨다. 그 이유는 금방 알 수 있다. 문제는 네 번째의 경우이다.
칼날이 닿는 부분은 A에도 B에도 들어 있지 않으므로 분명히 유리수는 아니다. '유리
수의 절단'에서 이 네 번째의 경우에 나타나는 수가 무리수라는 것이다.

무한집합에 관한 정리
무한집합과 가산집합의 관계

 '정리'라는 말만 나와도 머리를 싸매버리는 사람이 많다. 그러나 여기서는 겉보기만 어마어마할 뿐, 증명은 아주 쉬운 것들이니 안심해도 좋다. 그러나 앞에서 이야기한 가산(可算)인 집합이 어떤 것이었는지 다시 기억을 새롭게 해주기를 바란다. 즉, 자연수의 집합과 일대일로 대응하는 무한집합, 그러니까 모든 원소에 1, 2, 3, …과 같이 번호를 붙일 수 있는 집합을 그렇게 불렀다는 사실 말이다.

|정리1| 어떤 무한집합도 한 개의 가산집합을 포함한다.

 |증명| 먼저 이 무한집합으로부터 하나의 원소를 꺼내고 이것을 a_1이라고 부르기로 하자. 그 나머지로부터 또 하나의 원소를 꺼내서 이것을 a_2로 한다. a_1, a_2를 꺼낸 나머지에서 하나를 또 꺼내서 a_3로 한다. 이렇게 한없이 계속한다고 해도 원래의 집합은 무한집합이기 때문에 영원히 공집합이 될 수 없다. 그리고 원래의 무한집합에서 하나씩 원소를 뽑아 만든 집합

$$\{a_1, a_2, a_3, a_4, \cdots, a_n, \cdots\}$$

은 분명히 하나의 가산집합이 된다.

이 사실로부터, '가산집합은 무한집합 중에서는 가장 작은 집합이다'
(부대정리)라는 것을 알 수 있다.

|정리2| 하나의 가산집합에 유한개의 원소를 덧붙여도 역시 가산집합이다.

|증명| 가산집합을

$$\{a_1, a_2, a_3, a_4, \cdots, a_n, \cdots\}$$

이라 하고, 이것에 유한개의 원소, 예를 들어,

$$b_1, b_2, b_3$$

를 덧붙였을 때 생기는 집합,

$$\{b_1, b_2, b_3, a_1, a_2, a_3, a_4, \cdots, a_n, \cdots\}$$

에는 다음과 같이 번호를 붙일 수 있기 때문이다.

$$\{b_1, b_2, b_3, a_1, a_2, a_3, \cdots, \ a_n, \cdots\}$$
$$1, 2, 3, 4, 5, 6, \cdots, 3+n, \cdots$$

|정리3| 두 개의 가산집합을 합쳐서 만들어지는 집합은 역시 하나의 가산집합
이다.

|증명| 두 개의 가산집합을

$$\{a_1, a_2, a_3, a_4, a_5, \cdots\} \text{ 와 } \{b_1, b_2, b_3, b_4, b_5, \cdots\}$$

라고 하면, 이것들의 합집합의 원소에 다음과 같이 번호를 붙여갈 수 있
기 때문이다. 만일 같은 것이 나오게 되면 그것을 건너뛰어 가면 된다.

$$①\quad③\quad⑤\quad⑦\quad⑨$$

$$a_1\quad a_2\quad a_3\quad a_4\quad a_5\cdots$$

$$\downarrow\nearrow\downarrow\nearrow\downarrow\nearrow\downarrow\nearrow\downarrow\nearrow$$

$$b_1\quad b_2\quad b_3\quad b_4\quad b_5\cdots$$

$$②\quad④\quad⑥\quad⑧\quad⑩$$

|정리4| 정수의 집합은 가산집합이다.

|증명| 자연수의 집합 1, 2, 3, …은 물론 가산집합이다. 따라서 이것에 0을 덧붙인

$$\{0, 1, 2, 3, 4, \cdots\}$$

도 가산집합이다(정리 2에 의해서). 한편 음의 정수의 집합

$$\{-1, -2, -3, \cdots\}$$

도 가산집합이다. 따라서 이 두 가산집합을 합친

$$\{\cdots, -3, -2, -1, 0, 1, 2, 3, \cdots\}$$

도 가산집합이다(정리 3에 의해서).

|정리5| '가산개의 가산집합'을 합쳐도 역시 가산집합이다.

|증명| 가산개의 가산집합이란,

$$a_{11}\quad a_{12}\quad a_{13}\quad a_{14}\quad a_{15}\quad\cdots\cdots$$

$$a_{21}\quad a_{22}\quad a_{23}\quad a_{24}\quad a_{25}\quad\cdots\cdots$$

$$a_{31}\quad a_{32}\quad a_{32}\quad a_{34}\quad a_{35}\quad\cdots\cdots$$

$$a_{41}\quad a_{42}\quad a_{43}\quad a_{44}\quad a_{45}\quad\cdots\cdots$$

$$\cdots\cdots$$

즉,

$$A_1 = \{a_{11}, a_{12}, a_{13}, a_{14}, a_{15}, \cdots\}$$
$$A_2 = \{a_{21}, a_{22}, a_{23}, a_{24}, a_{25}, \cdots\}$$
$$A_3 = \{a_{31}, a_{32}, a_{33}, a_{34}, a_{35}, \cdots\}$$

가산개!

......

와 같은 집합 전체를 말한다.

그러나 이것들이 가산집합이 된다는 것은 다음과 같이 하면 쉽게 증명할 수 있다. 즉, 차례로 번호를 붙여가기만 하면 되는 것이다.

만일, 이미 번호를 붙인 것이 다시 나타나면 건너뛴다.

|정리6| 모든 유리수의 집합은 가산집합이다.

|증명| 유리수의 집합이라는 것은,

1을 분모로 하는 분수의 집합

$$\{\cdots, -\frac{2}{1}, -\frac{1}{1}, \frac{0}{1}, \frac{1}{1}, \frac{2}{1}, \frac{3}{1}, \cdots\} \text{ (정수집합과 대등)}$$

2를 분모로 하는 분수의 집합

$$\{\cdots, -\frac{2}{2}, -\frac{1}{2}, \frac{0}{2}, \frac{1}{2}, \frac{2}{2}, \frac{3}{2}, \cdots\} \text{ (정수집합과 대등)}$$

3을 분모로 하는 분수의 집합

$$\{ \cdots, -\frac{2}{3}, -\frac{1}{3}, \frac{0}{3}, \frac{1}{3}, \frac{2}{3}, \frac{3}{3}, \cdots \} \text{ (정수집합과 대등)}$$

......

등의 가산집합을 가산개 합친 것이기 때문에 이 합집합은 가산집합이다(정리 5에 의해서).

|정리7| 모든 실수의 집합은 가산집합이 아니다.(즉, 비가산집합이다!)

|증명| 이 정리의 증명(칸토어의 대각선 논법)은 이미 앞에서 설명하였다.

여기서 다시 처음의 문제인 "유리수와 무리수는 어느 쪽이 더 많은가?"로 돌아가서 생각해보기로 한다.

유리수의 집합은 가산집합이다. 그런데 유리수와 무리수를 합친 실수의 집합은 가산집합이 아니다. 따라서 무리수의 집합도 가산집합이 아니다. 왜? 만일 무리수의 집합이 가산집합이라 한다면(귀류법의 사용!), 두 개의 가산집합 유리수와 무리수의 합집합(실수집합)은 가산집합이 되어(정리 3), 앞의 정리 7과 모순되기 때문이다. 따라서 무리수 집합은 가산집합이 아니다. 즉, 비가산집합이다.

유리수의 집합이 가산집합이고 무리수의 집합이 비가산집합이면, 무리수의 집합이 유리수의 집합보다 크다. 왜냐하면 가산집합은 모든 무한집합 중에서 가장 작은 것이기 때문이다(정리 1의 부대정리 참조). 즉, 무리수는 유리수보다 많다.

무한에 얽힌 패러독스

아킬레스와 화살의 패러독스

선분의 한끝에서 다른 끝으로 갈 수 없다!

선분은 자와 컴퍼스를 사용하면 중점을 구할 수 있다. 선분의 길이가 아무리 짧아도 이것은 가능하다. 실제로는 어려워도 머릿속에서는 말이다. 이 사실에서 선분이 무한개의 점을 포함하고 있음을 알 수 있다. 하지만 만일 점이 아무리 작아도 크기를 갖는다면 이 선분의 한끝에서 다른 끝으로 갈 수 있을까?

A에서 B로 가기 위해서는 그 중점 C를 통과해야 한다. 또 A에서 C로 가기 위해서는 그 중점 D를 통과해야 한다. 중점이 무한히 많고, 각 중점을 통과하는데 얼마만큼이라도 시간이 걸린다면, 유한의 시간 내에 무한의 점을 통과할 수 없으므로, 결국 A에서 B로 가는 데는 무한의 시간이 소요될 것이다. 따라서 운동체는 A에서 B에게로 도달할 수는 없다. 즉, 운동은 일어나지 않는다!

이러한 패러독스(역리(逆理))를 내세워 당시의 철학자·수학자들을 골탕먹인 사람은 그리스의 철학자 제논(Zenon, 기원전 334~262)이다. 자, 여러분 같으면 이 패러독스를 어떻게 물리칠 수 있는가?

아킬레스도 거북을 따라잡을 수 없다!

제논과 입장을 달리하는 피타고라스학파의 지지자들은 이 패러독스에 대해서, "점에는 위치가 있지만 크기가 없다. 또, 시간도 크기가 없는 시각이 모인 것이다"라고 변명한다. 선분상에 아무리 많은 점이 있다 해도 이들 점에 하나씩 대응하는 시각 역시 크기가 없기 때문에, 모든 점을 통과하는 데는 무한의 시간이 필요없다는 이야기이다.

이 주장을 반박하기 위해서 제논이 내놓은 패러독스가 바로 유명한 '아킬레스와 거북의 달리기 경주'이다.

아킬레스와 거북이 달리기 경주를 하는데, 거북이 아킬레스보다 앞서서 출발한다면, 아킬레스는 결코 거북을 따라잡을 수 없다.

아킬레스는 그리스 신화에 나오는 반신반인(半神半人)의 영웅으로, 그리스 제일의 달리기의 명수, 그리고 거북은 세상에서 제일 느린 동물로 알려져 있다. 아킬레스가 거북을 따라잡기 위해서는 먼저 거북이 있던 지점을 통과해야 하지만, 이때는 이미 거북이 얼마만큼이라도 앞에 나가 있다. 아킬레스는 거북이 나아간 만큼 또 가야 하지만 그때는 거북이 얼마만큼 앞서 나가고 있다. 이렇게 해서, 아킬레스는 거북을 따라잡을 듯하면서도 언제나(영원히!) 거북을 아슬아슬하게 놓치고 만다는 이야기다.

날아가는 화살은 날지 않는다!

시간이 '크기가 없는 무한의 시각의 모임'이라는 주장에 대해서 제논은 '날아가는 화살은 날지 않는다'라는 패러독스를 내세워 반대

한다.

공중을 날아가는 화살을 생각해보자. 이때, 날아가는 시간 내의 각 시각에 있어서, 화살은 일정한 위치를 차지하고 있으므로, 마땅히 그 때마다 정지하고 있어야 한다. 이러한 정지가 아무리 모여 있어도 운동은 될 수 없지 않은가. 그러니까 시간이 무한의 시각으로 되어 있다는 것은 잘못이다.

제논은 또 '어떤 시간과 그 반의 시간은 같다'라는 패러독스를 내놓았는데, 이에 대해서도 철학자들은 이렇다 할 반론으로 맞서지 못했다.

위의 그림에서 A는 정지상태, B와 C는 반대방향으로 같은 속도로 움직이고 있다. 어느 정도 시간이 지난 후 A, B, C는 그 아래 그림과 같이 나란히 서게 된다. 이 위치에 오기 위해서는, B의 원소는 A의 3개의 원소를 스치고, 동시에 C의 6개의 원소와 스치게 된다.

스치는 시간은, 스치는 원소의 개수에 비례하기 때문에 B, A가 스치는 시간은 B, C가 스치는 시간의 반이다. 그러나 이 두 가지 일은 동시에 일어난 것이기 때문에, 그 시간은 같다. 따라서 어떤 시간은 그 반의 시간과 같다!

유클리드의 기하학책 《(기하학)원론》에는 '전체는 부분보다 크다'라는 것이 무게를 잡고 공리(公理, 기본적인 가정)로 등장하고 있는데, 그 이유는 이것이 당연한 진리인 양 다루다가 제논 같은 철학자가 시비를 걸어오면 야단이다 싶어서, 미리 그 공격의 화살을 피하기 위해서 '공리'로 내세워놓은 것이다. 당시 철학자들 사이에서의 무한 논쟁이 수학책에까지 영향을 미칠 정도였다면, 그것이 얼마나 치열

했는지 짐작하고도 남을 것이다.

모든 원둘레의 길이는 같다

다음 그림과 같이 A를 중심으로 하는 동심원(중심이 같은 원)의 판자를 평면상에 수직으로 세워서 1회전시켰을 때 A, C, B가 D, F, E의 위치에 왔다고 하자. 이때, $\overline{BE}$는 큰 원판의 둘레의 길이이고, $\overline{CF}$는 작은 원판의 길이이다.

그런데 그림으로 보면 $\overline{BE}=\overline{CF}$이기 때문에, 큰 원판의 둘레와 작은 원판의 둘레의 길이가 같다라는 결론이 나온다. 그럴 리가 없는데, 어디가 잘못되어 있는 것일까?

큰 원판 위의 점은 항상 $\overline{BE}$에 딱 붙어서 회전하고 있고, 작은 원판의 점도 큰 원판의 반경 위에 있으므로 이것 역시 $\overline{CF}$와 밀착되어 있다고 보아야 할 것이다. 그러니 만일 C가 미끄러진다면 B도 반드

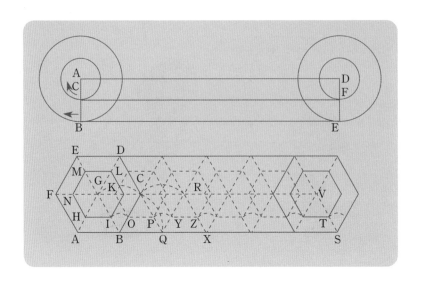

시 미끄러질 텐데, 참으로 알다가도 모르는 일이라고, 누구나 한번쯤
은 고개를 갸우뚱한다. 그러나 이 수수께끼는 그림의 아래쪽 부분의
정육각형을 회전시켜 보면 풀린다.

큰 정육각형의 변은 언제나 직선 AS에 밀착하고 있으나, 작은 정
육각형의 변은 군데군데에서 점프하고 있다.

예를 들어, 큰 정육각형이 오른쪽으로 회전하여, 그 위의 점 C가
Q와 겹쳤다고 하자. 이때, 작은 정육각형의 점 I는 O에, K는 P의 위
치에 와서 $\overline{IK}$는 $\overline{OP}$와 겹쳐진다. 그렇다면 $\overline{IO}$ 사이에서는, 작은 정
육각형의 변은 직선 IT에 밀착하지 않고 점프한 셈이 된다. 작은 정
육각형의 회전에서는 $\overline{IO}$, $\overline{PY}$, …와 같은 슬립(미끄러짐)하는 대목이
생기는 것이다.

변의 개수를 아주 크게 늘려서, 이번에는 정백만각형의 경우를 생
각해 보면, 작은 쪽의 회전의 자취 $\overline{HT}$는, 백만 개의 변을 합친 길이

와 백만보다 1 적은(999,999개) 슬릿의 구간으로 이루어지고 있는 셈이다.

이제는 여러분도 알 수 있을 것이다. 변수를 무한히 많이 늘린 다각형(원)에서는 작은 쪽(즉, 작은 쪽의 동심원)이 지나간 선분 속에는 이 다각형의 무한개의 변과 무한개의 슬릿이 들어 있다는 것을.

이것은 갈릴레이의《신과학 대화(新科學對話)》속에 실린 문제이다.

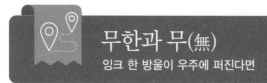

물을 채운 컵 속에 잉크 한 방울을 떨어뜨리면, 잉크는 순식간에 퍼져서 물은 파랗게 변한다. 다음에 물통 속에 잉크 한 방울을 떨어뜨리면 전보다는 엷은 색깔로 물들게 될 것이다. 이런 식으로 계속 목욕통의 물, 수영장의 물, … 속에 잉크 한 방울을 떨어뜨리면 물 색깔은 변하지 않고 그대로 있다. 즉 물의 양이 많아지면 확산된 잉크의 입자는 이미 볼 수 없게 된다. 그러나 아주 정밀한 감지장치(感知裝置, sensor)를 사용하면 미량의 잉크 입자를 검출할 수 있다.

증기선이 처음으로 대서양을 항해하던 1838년의 어느 날, 승객 중의 한 사람이 무슨 생각에서였는지 잉크 한 방울을 바닷속에 떨어뜨렸다. 그로부터 1세기 반이 지난 지금도 그 승객이 떨어뜨린 잉크 한 방울 속의 입자는 지구상의 온 바다를 누비면서 확산을 계속하고 있다. 먼 미래의 언젠가는 이 잉크 입자가 세계의 바닷물 속에 고루 퍼지게 될 것이다.

이쯤 되면, 인간의 능력으로는 물론 모르긴 하지만, 미래 세계의 가장 발달한 초고감도(超高感度)의 감지기를 사용해도 그 입자를 검출하는 일은 불가능할 것이다. 그러나 논리적으로 따진다면 지구상의 바닷물의 양이 아무리 많다 하더라도 결국은 유한하다. 그러므로 어느 바다에서 1cc의 바닷물을 건진다 해도, 그 속에는 아주 미량이기는 하지만 그 잉크의 입자가 섞여 있음이 틀림없다.

요컨대, 지구 전체에 퍼져서 희석화될 대로 희석화된 잉크일지라도 그런대로 무한소의 '존재'를 주장할 수 있다는 이야기이다. 이 '희석화'의 극한값은 물론 0이지만, 확산 작업을 전 우주에까지 넓힌다 해도 극한값 0에는 도달할 수가 없다. 즉 극한값을 셈할 수 있어도 현실적으로는 그러한 상태가 우주상에 나타나지는 않는다.

이것은 한낱 지어낸 이야기에 지나지 않는 사고실험(思考實驗)이다. 그러나 이와 똑같은 추측을 우주의 탄생인 저 '빅뱅(big bang)'에

도 적용할 수 있다. 우주의 역사는 약 150억 년 전에 시작했고, 그 시점에서 시간도 시작했다는 것이 현재 정설로 되어 있다.

여기서 우리에게 가장 흥미 있는 것은 이 대폭발(빅뱅)의 순간, 즉 시간이 태어난 그 시점이다. 그러나 현재의 물리학이 그런대로 가설을 세울 수 있는 것은 기껏해야 폭발이 일어난 '시점'의 10^{-30} 내지는 10^{-40}초 후 정도이다. 실제로 거대한 가속기를 사용한 실험으로 검증된 것은 10^{-10}초 후, 그러니까 100억 분의 1초 후 정도에 지나지 않는다.

중요한 것은 현재의 물리학 이론으로는 '빅뱅'으로부터 10^{-44}초 후쯤의 우주 탄생의 아주 가까운 시간 내의 상황에 관해서 해명할 수 없다는 사실이다. 다시 말하면 우주 탄생의 순간이란 하나의 극한값이며, 그것이 '존재한다', '존재하지 않는다' 하고 단정할 수 없을 뿐더러, 그 내용조차도 파악하지 못하는 관념적인 존재에 지나지 않는다.

이처럼 현대 우주론의 밑바탕도 극한값은 존재하지만 그것에는 도달할 수가 없다는 패러독스에 의해서 가려져 있다. '아킬레스와 거북'의 이름으로 알려진 제논의 패러독스는 여전히 우리를 괴롭히는 문제로 남아 있는 셈이다.

파스칼의 《팡세》에 나오는 다음 글은 그가 이미 이 사실을 예견하고 있었음을 여실히 말해준다.

"무한과 무(無)라는 두 심연 사이에서 불가사의한 자연을 대할 때, 인간은 두려움에 몸을 떨지 아니할 수 없을 것이다."

3
현실세계와 수

수의 세계는 현실세계의 일들과 관련된 '그림자'의 세계에 지나지 않지만, 수 사이의 연산은 마치 실제로 존재하는 사물 사이의 관계처럼 치루어진다.

전선에 참새 일곱 마리가 앉아 있다. 공기총으로 한 마리를 쏘아 떨어뜨렸다. 몇 마리가 남았을까? 답은 한 마리도 없다이다. 이유는 모두 놀라서 도망가버렸기 때문이다. 누구나 한번쯤 들어보았을 이 이야기를 그저 우스갯소리로만 듣고 그친다면, 그야말로 웃어넘기면 그만이다.

그렇지 않고 '융통성이 없는' 수의 한 보기로 이 이야기를 꺼낸 것이라면 수에 대한 명예훼손도 이만저만이 아니다. 즉, 현실의 세계에서는 $7-1$은 항상 6이 아니라, 경우에 따라서는 0 또는 다른 수가 될 수도 있다는 식으로 말머리를 돌린다면 말이다.

본래 $7-1=6$이라는 수식은 현실 세계와는 아무런 상관이 없이 성립하는, 수의 세계에서만의 연산이다. 위의 참새 이야기는 이 계산의 보기에 지나지 않는다. 그러니 만일 이러한 계산이 성립하지 않는 예가 현실 속에 있다면, 그것은 수가 융통성이 없기 때문이 아니라, 예를 잘못 고른 탓이다. 하기야 수 사이의 관계가 현실의 사물 사이에서도 그대로 적용된다면 더 바랄 것이 없지만, 어차피 이 두 세계가 완전히 일치할 수는 없는 노릇이다. 이 점을 분명히 해두지 않으면 위와 같은 엉뚱한 오해를 불러일으킬 수도 있다.

모든 실수는 제곱하면 반드시 0 아니면 양수가 된다. 이에 대해서 제곱하면 음수가 되는 수를 '허수(虛數)'라고 부른다. 이 허수의 '허(虛)'는 상상적인, 가짜의, 존재하지 않는다는 뜻이다. 그래서 학교에서 허수를 배울 때 뭔가 억지로 만들어낸 수, 그러니까 자연수나 유리수, 무리수 등에 비하면, 현실성이 덜한 상상의 산물로 받아들이기 쉽다. 그러나 수란 본래 상상적인 것이다. 이 점에서는 자연수·유리수·무리수·허수가 모두 똑같다.

몇 번이고 강조하지만, 수학은 일종의 픽션(허구)의 세계이다. 유클리드의《(기하학)원론》에서는 선을 '폭이 없는 길이'라고 정의하였고, 여러분도 학교에서 그렇게 배웠겠지만, 실제로는 그런 '선'을 그을래야 그을 수 없다. 다만 마음속에서 그러려니 하고 '감'만 잡고 있을 뿐이다. 따라서 수학에서 '…이 존재한다' 할 때의 '존재'의 의미는 일반적인 상식과는 다르다는 것에 유의할 필요가 있다. (직)선, 삼각형, 원 등이 '존재한다'라고 할 때, 이러한 기하학적 도형을 정의한 대로 실제의 형태로 볼 수 있거나 그릴 수 있다는 뜻이 아니고, 머릿속에서 생각할 수 있다는 뜻에서 '존재'하는 것이다.

그러나 수학의 세계가 현실과는 다른 허구의 세계라 해도, 이 허구가 현실에서 출발한 것임에는 틀림이 없다. 제아무리 현실과 동떨어진 추상적인 사고라 할지라도, 그것은 어디까지나 대지를 밟고 선 인간의 머리에서 나온 것이니까 말이다. 실제로 수는 모두 그런대로의 현실적인 이유가 있어서 생긴 것이다.

허수의 경우만 해도 괜히 만들어진 수는 결코 아니다. 교과서에서 처음으로 복소수(複素數, 실수와 허수의 합의 꼴로 나타낼 수 있는 수)가 등장하는 것은 "판별식이 마이너스이면 허근(虛根, 복소수의 해)을 갖는다"라는 2차방정식의 근의 공식에서이다.

복소수를 사용하면 실수의 범위에서는 풀 수 없는 2차방정식을 풀 수 있게 된다.

이런 경우 3차방정식, 4차방정식 등이 모두 해를 갖기 위해서는 그때마다 까다로운 수를 지어내야 할 것이 아닌가? 하고 걱정하기 쉽다. 그러나 16세기에 발견된 3차방정식의 근의 공식을 보면, 해는 여전히 복소수의 범위에서 얻어진다. 그 후, 가우스는 "모든 n차 방정식은 복소수의 범위에서 n개의 해를 갖는다"라는 '대수학의 기본 정리'를 증명하여, 방정식을 푸는 데는 복소수만으로 충분하다는 것을 밝힘으로써 이런 걱정을 덜어주었다.

3차방정식의 근의 공식에서는 실수의 해가 나오는 경우에 계산의 도중에서 복소수가 나타나는 경우가 있다. 즉, 3차방정식의 해를 얻기 위해서는 복소수는 없어서는 안 되는 수인 것이다. 이것은 복소수가 괜히 상상적으로 꾸며진 것이 아니라, 실수와 깊은 연관이 있는 현실적인 수임을 의미한다.

수의 세계는 현실세계의 일들과 관련된 '그림자'의 세계에 지나지 않지만, 수 사이의 연산은 마치 실제로 존재하는 사물 사이의 관계처럼 치루어진다. 즉, 현실세계와 견주어볼 때는 비록 존재가 희미한 기호 이상의 것은 아니지만, 연산에 있어서는 그것대로의 엄연한 현실성을 지니게 된다. '그림자'라고 해서 멋대로 행동하기는커녕, 확고한 기반 위에서 주어진 규칙을 엄격히 지키면서 아주 생동감 있게 행동한다. 이처럼 연산을 할 때에는, 수의 세계는 물질적인 세계로부터 완전히 독립된 생명력이 있는 무대를 연출하는 것이다.

서로 독자적인 영역을 이루고 있는 이 두 세계 — 물질세계와 수의 세계 — 사이에는 어떤 점에서 아주 밀접한 관계가 있다. "수는 모든 것의 본질(만물은 수이다!)"이라고 주장한 피타고라스 이래 우주 공간의 4차원적인 구조를 밝힌 아인슈타인에 이르기까지 자연계가 수학적 법칙에 의해서 지배된다는 가정이 줄곧 효력을 지니고 지탱해온 것도 이 때문이라고 할 수 있다.

앞에서도 이야기한 바와 같이, 수는 결코 사물의 성질도, 또 그 일

부도 아니지만, 수의 세계와 물질세계 사이에 어떤 대응관계가 있다는 것은 의심의 여지가 없다. 바로 이 사실 때문에 수의 구조를 밝히기 위해서 현실의 물질세계를 이용할 수 있고, 또 동시에 현실을 지배하는 것으로 생각되는 수학적 법칙이 발견되면, 수의 성질을 바탕으로 그 물질세계를 설명할 수 있다.

뉴턴역학(力學)의 이론적인 바탕이 된 책《자연철학의 수학적 원리》를 보라. 이 '수학적 원리'라는 표현은 무릇 자연과학은 수학적인 방법을 바탕으로 비로소 체계적으로 발달할 수 있다는 뉴턴의 신념을 단적으로 나타내고 있다. 실제로 근대의 과학 기술은 수학적 방법과 관련된 체계적인 연구·개발을 통해 발전해왔다.

자연법칙을 설명하는 데 도움이 되는 수학의 법칙을 잘 이용하면, 쓸모가 많은 기계를 만들 수 있다. 물리적 세계와 수 세계가 대응된다는 것은 이처럼 어떤 대상일지라도 수의 세계로 옮겨 나타낼 수 있다는 것, 그러니까 수식화가 가능하고, 따라서 수학적으로 처리할 수 있다는 것을 말해준다. 그러나 이것은 수학상의 모든 성질이 자연이나 사회 등 현실세계 속의 어떤 무엇과 반드시 대응하고 있다는 뜻은 결코 아니다. 예를 들어 허수나 복소수의 계산을 할 때, 이러한 수들이 물질적인 무엇과 대응하고 있다는 것은 아니다.

가령 어떤 자연현상을 수학적으로 나타내고 이것으로부터 수학적 법칙을 세울 때, 일일이 자연현상과 대응시켜서 따져봐야 한다면 이는 지나치게 인간의 사고의 세계를 제약하고, 결과적으로 과학기술의 상태는 언제나 제자리걸음을 면하지 못하게 된다. 수의 세계는 자연계에 대응하지 않은 것을 포함해도 좋다. 실제로 이러한 상태가 수학이나 과학의 발전을 위해 바람직한 일일 것이다.

수학의 허구와 현실
자연수, 유리수, 실수는 모두 허구일 뿐

현실에는 없는 가상적인 이야기나 생각을 허구(픽션)라고 한다. '혹성 탈출'이나 '화성인 지구 습격' 등의 영화 내용은 모두 허구이다. 예술작품은 어떤 의미에서 실제의 내용을 엮은 것이 아닌 허구적인 세계를 다루고 있다. 이와 반대로 실제로 있었던 내용을 다루는 글을 논픽션(비소설)이라고 부르고 있는 것쯤은 여러분도 알고 있을 것이다.

그런데 허구가 쓰이는 것은 비단 예술에서 뿐은 아니다. 자연과학에서도 '이상기체(理想氣體)'니 '자유낙하'니 하는 등, 허구를 흔히 쓴다. 그중에서도 특히 수학의 세계는 허구 투성이라고 할 수 있다.

자연수는 문자 그대로 자연스러운 수, 유리수는 이치에 맞는 수, 그리고 실수는 그런대로 실제로 존재하는 수로 간주할 수 있지만, 허수라는 말을 들으면 대부분의 사람들은 대뜸 거부감을 나타내기 마련이다. '허수'의 '허'가 현실이 아닌 허구임을 뜻하는 말이 아닌가! 그러나 그런 생각은 옳지 않다.

이미 이야기한 바와 같이 실수, 유리수, 아니 자연수까지도 알고 보면 허구이다. 1, 2, 3, …이라는 수는 이 우주의 어디에도 없다. 수란 보지도 듣지도 만지지도 못하는, 오직 머릿속에서만 생각할 수 있는 허구적인 존재이다. 다만 수의 표현이 일상화되고 있기 때문에 현실적인 것으로 느껴질 뿐이다.

대부분의 사람들에게는 아직도 허수는 실수에 비해서 수라는 실감이 나지 않는 애매한 존재이다. 그러나 수학자는 늘 사용하고 있기 때문에, 이 수가 거의 일상화되고 있다. 하기야 역사적으로 따지면, 18세기까지는 허수는 계산의 과정에서 어쩔 수 없이 끼어든 '필요악'에 지나지 않았다. 수학자들 사이에서 이 허수가 일상화되기 시작한 것은 겨우 19세기부터이다.

유럽 사람들의 계산법
계산법도 나라마다 다르다

　지금은 세계 어디를 가든 간편한 계산기가 있어서 거스름돈 계산이 편리해졌지만, 70년대만 해도 유럽 여행을 하는 한국 사람들은 물건을 살 때마다 거스름돈 계산 때문에 늘 애를 먹었다. 무엇보다도 불편한 것은 유럽 사람들이 계산이 너무 느리다는 점이었다. 한가롭다고 해야 할지 모르겠지만 덧셈, 뺄셈조차 너무 서툴러서, 곱셈을 치러야 할 때에는 손님은 아예 차분히 의자에 앉아서 기다려야 할 형편이었다.

　주인이 한 사람밖에 없는 조그만 잡화점이나 특산물 가게에 가보면, 물건마다 한 개 얼마, 두 개 얼마, 세 개 얼마, …라고 적혀 있다. 그 가격표도 기껏 다섯 개 정도까지의 가격이 적혀 있을 뿐이므로 그 이상을 사려면 주인이 물건 값을 계산하는 동안 한참을 기다려야 한다.

　이러한 광경을 지켜보고 있으면, 마음속으로 계산 잘하는 한국 사람임을 은근히 뽐낼 만도 하지만, 어쩌면 이것도 습관의 차이 탓인지 모른다.

　습관이라는 말이 나온 김에, 유럽 사람들의 거스름돈을 셈하는 방법이 우리와는 크게 다르다는 이야기를 해보자.

가령 2,300원어치의 물건을 사서 5,000원짜리 지폐를 내면, 우리나라에서는 2,700원의 거스름돈을 금방 내주지만, 유럽에서는 그 계산 절차가 복잡(?)하다.

주인은 1,000원짜리 지폐와 100원짜리 동전을 따로따로 꺼내서 물건값 2,300원에 더해가면서 5,000원이 될 때까지 셈한다.

예를 들어 1,000원짜리 한 장을 탁자 위에 놓고 3,300원, 또 한 장을 놓고 4,300원, 그리고 100원짜리 동전 7개를 그 위에 얹어서 5,000원!, 그리고는 탁자 위에 쌓인 잔돈 2,700원을 손님에게 건네주는 것이다.

이 계산 방법의 차이를 식으로 표현하면 다음과 같이 나타낼 수 있다.

$$
\begin{array}{cc}
\text{(한국식)} & \text{(유럽식)} \\
5000 & 2300 \\
- 2300 & + 2700 \\
\hline
2700 & 5000
\end{array}
$$

즉, 거스름돈이 얼마인가를 구하는 경우에 한국 사람은 뺄셈을 하고, 유럽 사람들은 덧셈을 한다.

한국 사람은 먼저 전체(5,000원)를 생각하지만, 유럽 사람은 낱낱(잔돈)의 것부터 시작해서 마지막에 전체에 도달한다는 차이가 매우 흥미롭다. 단계를 차례차례 밟아서 결과에 도달하는 서양 사람들의 정신이 깃들어 있다고나 할까! 이렇게 거스름돈을 계산하는 방법의 차이는 유럽 문화와 한국 문화의 차이를 보여주는 것 같기도 하다.

구구단 외우기

구구단을 쉽게 배우는 비결은 한국말!

중국이나 우리나라에서의 구구단은 처음에 '구구 팔십일'부터 시작했었다. 그러던 것이 중국에서는 13세기 원(元)나라 무렵부터 '일일은 일'에서 시작되었고, 그 후 우리나라에서도 그것을 따르게 되었다.

그렇다면 옛날에는 왜 하필 어려운 '구구 팔십일'부터 구구셈이 시작되었던 것일까? 이에 대해서는 다음과 같이 추측할 수 있다.

옛날 동양에서는 9를 좋은 수로 여겼다. 그래서 '구구 팔십일'을 가장 먼저 읊었다고 한다. 또 계산을 하는 층이 일반 대중이 아니라 특권계급이었는데, 일반 사람들이 구구단을 어렵게 느끼도록 해서 권위를 높이려고 일부러 그렇게 했다는 말도 있다.

유럽에서도 우리가 현재 사용하고 있는 구구단표가 이미 그리스 시대부터 있었다. 사람들은 이 구구단표를 보통 '피타고라스의 표'라고 불렀다.

그런데 유럽에서는 구구단을 나타내는 방식이 쉽지 않다는 흠이 있다.

예를 들어 '이삼은 육'은 영어로, 'two times three are six' 또는 더 간단히 말한다 해도 'two threes are six'라고 해야 한다. 그러므로 구구단을 외우고 있다고 해도 그것을 입으로 표현하기는 쉽지 않다.

이 때문에 처음에는 어쩔 수 없이 표를 보면서 계산을 하기 마련이다. 그래서 구구단을 전부 외우지 않고도 5단까지만 외우고 있으면 나머지 곱셈을 할 수 있는 방법이 고안되어 있는 형편이다.

이에 비하면 우리말은 마치 노래를 부르듯이 억양을 붙여가면서 구구단을 외울 수 있어 아주 유리하다.

서양식 손가락셈
구구단 이전의 계산법

계산이라고 하면 여러분은 으레 종이 위에 숫자를 써서 셈하는 일, 즉 필산을 생각하게 될 것이다. 그러나 이 편리한 계산법이 우리나라에서 쓰이게 된 것은 100년이 채 못 된다.

하기야 오늘날 유치원생도 알고 있는 인도·아라비아 숫자 1, 2, 3, 4, 5, 6, 7, 8, 9, 0이 유럽에서 널리 쓰이기 시작한 것이 겨우 300년 전의 일이었다.

그 이전 필산이 없었던 시대에는 계산을 할 때 막대나 주판을 사용했다. 그러나 이것은 주로 중국이나 우리나라에서의 일이었고, 서양에서는 손가락을 사용하는 교묘한 계산법이 있었다.

예를 들어 6×8을 다음과 같이 계산하였다.

$$6 = 5 + 1, 8 = 5 + 3$$

따라서 왼쪽 손가락을 1개, 오른쪽 손가락 3개를 꼽는다.

$$1 + 3 = 4 \qquad \cdots\cdots ❶$$

이것은 답의 십의 자리의 수, 즉 40을 나타낸다. 다음에는 구부리지 않고 펴놓았던 왼쪽 손가락 4개와 오른쪽 손가락 2개를 곱한다.

$$4 \times 2 = 8 \qquad \cdots\cdots\ ❷$$

이것은 답의 일의 자리의 수이다.

이렇게 ❶, ❷의 과정을 통해 정답인 48을 구할 수 있었다.

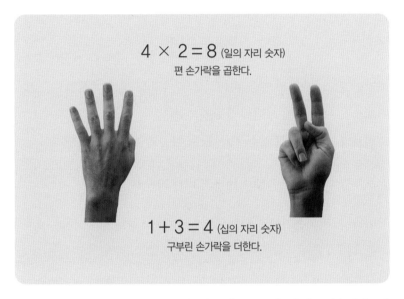

$4 \times 2 = 8$ (일의 자리 숫자)
편 손가락을 곱한다.

$1 + 3 = 4$ (십의 자리 숫자)
구부린 손가락을 더한다.

우리들은 구구단을 알고 있기 때문에, 6×8의 결과는 '육팔은 사십팔'이라고 대답할 수 있지만, 흔히 암흑시대로 알려진 옛 중세 시대에는 이 같은 구구단을 아는 사람은 대단한 학자들뿐이었다.

그것도 '피타고라스의 표'라고 불리는 곱셈구구표를 통해서 겨우 48을 찾아내는 형편이었다.

그런데 이 손가락셈을 이용하면, 구구표를 모른다 해도 $5 \times 5 = 25$

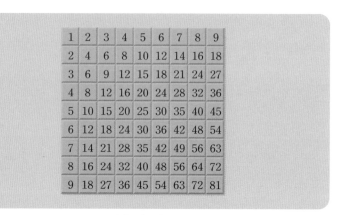

피타고라스의 표

까지만 암기할 수 있으면, 나머지는 손가락을 써서 계산할 수 있다. 그래서 당시에는 이 방법이 중요시되었다.

이보다 큰 수, 예를 들어 13×14는 다음과 같이 계산하였다.

$$13=10+3, 14=10+4$$

따라서 왼쪽 손가락 3개와 오른쪽 손가락 4개를 구부려서

$$3+4=7(=70), 3\times4=12$$

따라서
$$70+12=82 \qquad \cdots\cdots \text{❶}$$

또,
$$10\times10=100 \qquad \cdots\cdots \text{❷}$$

결국 ❶, ❷로부터 얻은 답은 182이다. 이 방법을 현재의 필산과 비교해보자.

노아의 대홍수
수학과는 다른 신화의 세계

성경에 실린 신화적인 전설 가운데 노아의 대홍수에 관한 이야기가 있다. 머나먼 옛날에 세계에서 가장 높은 산까지 덮어버릴 정도로 큰 비가 내렸다는 이야기가 그것이다.

"7일 후, 홍수가 일어났다. … 비는 40일 동안 낮과 밤을 가리지 않고 하늘에서 쏟아졌다. … 물이 불어나서 배를 띄웠더니, 배는 땅 위를 덮은 물 위를 헤맸다. 물은 땅 위에 가득 차고, 이어 모든 산을 온통 덮어버렸다. 지상의 모든 생물은 물에 휩쓸려 없어지고, 다만 노아와 함께 배에 탔던 짐승들만이 살아남았다."

그런데 세계에서 가장 높은 산을 덮을 만큼의 비가 실제로 내렸을까? 이 문제는 수학을 써서 해결할 수 있다.

대홍수를 일으킨 물은 물론 대기 중에서 생긴 것이다. 그리고 이물은 또다시 대기 속으로 돌아간다. 대홍수의 물은 증발하여 지상의 공기 속으로 밖에는 돌아갈 곳이 없다.

그러므로 이 물은 현재도 역시 대기 속에 있어야 한다. 만일 지금 공기 중에 있는 모든 수증기가 비로 변하여 지상에 내린다면, 전세계에 또다시 홍수가 나고 그 물은 가장 높은 산까지도 덮어버릴 것이다.

실제로 그렇게 될 것인지 수학적으로 계산해보자.

기상학의 책에 의하면 $1m^2$의 땅 위의 공기 기둥 속에는 수증기가 평균 16kg 포함되어 있으며, 많아도 25kg 이상을 넘지 않는다고 한다. 이 대기 중의 수증기 전체가 비가 되어 땅에 내리는 경우 그 깊이는 얼마나 될까? 25kg, 즉 25,000g의 물의 부피는 $25,000cm^3$이므로 이 부피를 밑넓이로 나누면 깊이를 구할 수 있다.

$$1\text{m}^2 = 100 \times 100\,(\text{cm}^2) = 10000\text{cm}^2$$

$$25000 \div 10000 = 2.5$$

즉, 전세계를 덮은 대홍수는 기껏해야 수심 2.5cm밖에 되지 않는다는 결론이 나오게 된다. 왜냐하면 대기 중에는 이 이상의 수분이 없기 때문이다. 게다가 이 깊이는 내린 비가 땅속에 스며들지 않는다고 가정했을 때의 것이다.

이 2.5cm라는 높이는 지상 8,840m의 에베레스트 산꼭대기에는 훨씬 미치지 못한다. 그러니까 성경에 나오는 홍수의 이야기는 무려 350,000배 이상이나 과장된 것이다. 요컨대 만일 전세계에 큰 비가 내렸다 하더라도 결코 대홍수 따위는 일어나지 않는다. 왜냐하면 40일 동안 밤낮으로 내린 비가 25mm이면, 하루 동안에는 아주 보잘 것 없기 때문이다.

원래 신화의 세계는 상징적이며, 결코 수학적으로 따질 필요가 없다. 신화와 과학은 별개의 것이다.

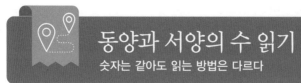
가령 $\frac{2}{3}$라는 분수의 경우 2를 분자라고 부르고, 3을 분모라고 하는 것은 이미 여러분도 잘 알고 있을 것이다. 분수를 나타낼 때에는 아래쪽에 있는 분모를 먼저 쓰고 위쪽에 있는 분자는 나중에 쓴다는 것, 그리고 이것을 '3분의 2'와 같이 분모를 먼저 읽는다는 것은 누구나 다 아는 상식이다.

그러나 서양에서는 이와 반대로 분수를 쓸 때나 읽을 때에 분자부터 먼저 시작한다. 또 우리나라에서는 엄마가 아이를 등에 업고 있는 모양과 같다고 해서 분모의 '모(母)'는 엄마를, 그리고 분자의 '자(子)'는 자식을 나타내는 한자로 각각 나타낸다.

영어에서는 분자를 뉴머레이터(numerator; 셈하는 것), 분모를 디노미네이터(denominator; 이름짓는 것)라 부르고, 엄마니 자식이니 하는 뜻은 없다.

큰 수를 표시하거나 읽는 방법도 동양과 서양이 서로 다르다.

二十三억 四천 伍백 七十二만 伍천 六백 三十

이 수를 아라비아 숫자로 나타내면 다음과 같이 세 자리씩 콤마로 끊어 표시한다.

2,345,725,630

본래 세 자리씩 끊는 것은 미국이나 유럽에서 쓰인 방법으로, 이렇게 세 자리마다 끊으면 더 수월하게 큰 수를 읽을 수 있다.

2 billion, 345 million, 725 thousand, 630

그러나 우리말에서는 읽는 방법이 다르다.

23억 4572만 5630

곧, 동양식은 네 자리마다 새로운 수 단위가 나타나지만 서양은 세 자리마다 달라진다.

서양이나 우리나라나 똑같이 열이 모여서 한 자리 올라가는 10진법을 쓰고 있지만, 수를 읽을 때의 단위는 다른 것이다. 서양에서는 일, 십, 백, 천까지는 우리나라와 마찬가지로 수의 단위가 따로 되어 있으며, 천의 다음은 십천(ten thousand), 그 다음은 백천(hundred thousand), 그리고 천천이 되면 새로운 단위인 밀리언(million)이 나타난다.

그러나 서양의 수를 읽는 방법은 우리의 것과 비교할 때 불규칙적인 점이 많다. 영어를 배운 여러분은 11에서 19까지가 불규칙적이라는 것을 잘 알고 있을 것이다. 예를 들면 11은 'ten one'이라 하지 않고 'eleven'이라 하는 등 말이다.

인종차별을 타파한 수학
요세푸스가 살아남은 방법

　요즘에도 남아프리카 공화국에서는 백인과 흑인 사이의 인종차별이 세계적인 문제가 되고 있다. 인종차별이란 먼 옛날부터 인간이 지닌 편견이 낳은 비극 중 하나이다.

　여기에 인종차별을 수학적인 추리로 멋지게 타파한 문제가 있다. 모든 것은 합리적으로 다루어져야 하고, 수학은 이치를 중히 하는 것이므로 수학으로 그것을 극복했다는 것은 재미있는 이야기가 아닐 수 없다.

　때는 지금으로부터 300년 전, 백인 15명과 흑인 15명이 탄 배가 바다에서 폭풍우를 만나 난파당한 것이다. 경험 많은 선장은 30명 가운데 반수인 15명을 희생시키지 않으면 배가 완전히 바닷속으로 침몰할 것이라고 선언했다. 15명을 희생시키는 방법을 궁리한 결과 마침내 30명 전원을 원형으로 세우고 시계바늘과 같은 방향으로 세어 9번째의 사람을 바다에 희생시키기로 했다. 꾀가 많은 백인들이 흑인만 희생이 되도록 꾸민 것이다.

　다시 말해서 백인은 ◐, 흑인은 ● 으로 나타내어 다음 그림과 같이 배치하고 화살표 지점의 백인으로부터 시계바늘이 움직이는 방향으로 세웠다. 그러나 흑인들이 수학적으로 생각하여 그 이치를 깨닫고 위기를 모면했다고 하는 이야기이다.

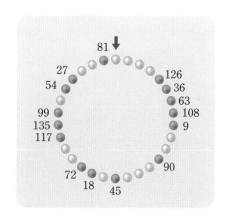

이 문제의 원형은 상당히 오래된 것이며 4세기경의 책에 유대인 역사가 요세푸스(1세기 때 사람)가 머리를 써서 간신히 살아남은 이야기로 소개되어 있다.

유대인들은 예부터 수많은 고난을 당해왔는데, 이때에도 로마군의 침략을 받았다. 요세푸스와 다른 유대인 40명은 적의 눈을 피해 지하실에 숨어 있었다. 어차피 잡혀 가는 것은 시간 문제였기에 적의 손에 죽느니 차라리 스스로 목숨을 끊겠다고 생각하기에 이르렀다. 그래서 41명이 원형으로 서서 3번째의 사람을 차례로 죽이기로 하였다. 자살하는 일에 회의를 품고 있던 요세푸스와 그 친구는 16번째와 31번째에 서 있어서 간신히 살아남았다는 이야기이다.

이 문제는 다른 여러 이야기로도 전해지고 있다. 우리에게는 딸, 아들을 합쳐 자식을 30명씩이나 둔 부잣집의 이야기가 잘 알려져 있다. 자녀들 30명을 원형으로 하여 10번째의 아이를 제외시켜 가며 마지막까지 남은 아이에게 재산을 남겼다는 이야기이다.

4
논리는 생각의 날개

인간이라면 누구나 논리에 승복할 수 있다. 논리란 한 마디로 바르게 생각하는 방법이며, 수학이 모든 학문의 근원이 된 이유는 논리에 바탕을 두고 있기 때문이다.

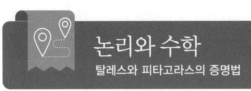

논리와 수학
탈레스와 피타고라스의 증명법

옛 이집트인이나 바빌로니아인, 인도인 등은 도형이나 수에 관한 많은 지식을 가지고 있었다. 그러나 이들의 수학 지식은 오랫동안의 경험을 통해서 얻은 것들이었다. 얼마 후 이집트인이나 바빌로니아인들로부터 수학 지식을 전해 받은 사람들 중에서,

"이런 확실하지 않은 지식은 아무 쓸모가 없다"

라고 불평하는 소리가 나왔다. 이들은 그리스의 수학자들로서, 그 대표적인 인물이 탈레스와 피타고라스였다.

그리스는 처음에 이집트나 바빌로니아에 비해 문명의 발달 정도가 훨씬 뒤처져 있었다. 기원전 6세기쯤 선진국 이집트나 바빌로니아를 통해 우수한 지식을 받아들이게 되면서부터 비로소 학문의 연구가 시작되었다. 탈레스나 피타고라스도 이집트와 바빌로니아에서 수학이나 천문학을 공부하고 돌아온 사람들이었다.

그런데 그리스인들은 한 가지 특이한 버릇(?)이 있었다. 그들은 유별나게 따지기를 좋아했고, 무엇이든 애매하게 다루는 것을 무척 싫어했다. 물론 탈레스와 피타고라스도 자신들이 이집트나 바빌로니

아에서 배워 온 수학 지식에 대해 왜 그렇게 되는지 그 이치를 일일이 캐묻지 않고는 직성이 풀리지 않았다.

예를 들어 두 개의 직선이 만나면 각이 네 개가 생긴다. 이 네 각에 a, b, c, d라고 이름을 붙이면, a와 c는 크기가 같고 또 b와 d도 크기가 같다는 것을 한눈에 알 수 있다. 그러나 그리스의 수학자들은 당연한 것처럼 보이는 이 사실에 관해서도 그 이유를 설명할 수 있을 때까지는 참된 지식으로 받아들이려고 하지 않았다.

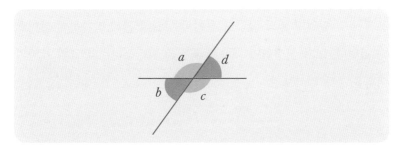

"수학에서는 얼핏 보는 정도로, '같다'라는 결론을 내려서는 안 된다. 절대로 확실한 증거가 있어야 한다."

이것이 그리스인들의 주장이다. 그리스인인 탈레스가 위의 두 각의 크기가 같다는 것을 어떻게 증명했는지 살펴보자.

|증명| a와 b 두 각은 직선을 나눈 각이기 때문에, 이 둘을 합치면 $180°$가 된다는 것은 확실하다.

$$\angle a + \angle b = 180°$$

또, $\angle a$와 $\angle d$를 더한 것도 마찬가지로 $180°$가 된다.

$$\angle a + \angle d = 180°$$

따라서, $\angle a$에는 $\angle b$를 더하여도 또 $\angle d$를 더하여도 $180°$가 된다. 바꿔 말하면, $\angle b$와 $\angle d$의 크기가 같다.

이런 식으로 탈레스는 '두 변의 길이가 같은 삼각형(이등변삼각형)은 두 각의 크기도 같다'라는 것을 누구나 납득이 되도록 설명하였다. 또 피타고라스는 '어떤 삼각형일지라도 세 각의 크기를 더하면 $180°$이다'라는 것을 증명하였다.

이 지식을 바탕으로 피타고라스는 바빌로니아인들이 이미 경험을 통해 알고 있었던 원과 삼각형 사이의 성질에 관해 명확하게 설명할 수 있었다. 그가 설명했던 내용과 과정을 피타고라스와 그의 제자의 대화를 통해 알아보자.

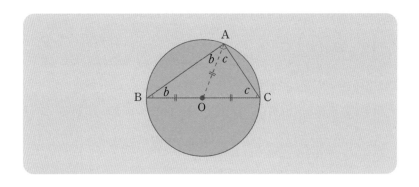

피타고라스 먼저 원을 한 개 그려서, 그 원 위에 임의의 한 점 A를 찍고, 그 다음에 임의의 지름 하나를 그어 보자. 그리고 지름의 양 끝점과 점 A를 각각 직선으로 연결한다. 그리하여 $\angle A$가 직각이 된다는 것을 보여야 한다.

제자 예.

피타고라스 자, 먼저 점 A와 원의 중심 O를 맺는 직선을 그어 보아라. 그러면 삼각형이 두 개 생기지.

제자 그렇습니다. △OAB와 △OCA 둘입니다.

피타고라스 맞다. 이제 이 두 삼각형의 변의 길이를 살펴보아라. 길이가 같은 것들이 있느냐?

제자 예, 있습니다. $\overline{OA}$와 $\overline{OB}$와 $\overline{OC}$, 그리고 $\overline{CA}$도 그런 것 같습니다.

피타고라스 왜 그런지 그 이유를 말해 보아라.

제자 글쎄요, 아! 알았다. $\overline{OA}$와 $\overline{OB}$, 그리고 $\overline{OC}$는 모두 같은 원의 반지름이니까 길이가 같아요. 그런데 $\overline{CA}$는…….

피타고라스 $\overline{CA}$는 아니야. 네가 그린 그림으로는 길이가 같은 것처럼 보이지만, A는 원 위의 어디에 있어도 상관이 없기 때문에, $\overline{CA}$와 $\overline{OA}$가 항상 같다고 말할 수는 없지. 이치를 생각하지 않고 그림만 보고 그런 것 같다고 생각하면 실수하기 쉬우니까 주의해야 한다.

제자 예, 명심하겠습니다. 그 다음은 어떻게 합니까?

피타고라스 그러면 △OAB는 어떤 삼각형이지?

제자 $\overline{OA}$와 $\overline{OB}$의 길이가 같기 때문에 이등변삼각형입니다. △OCA도 이등변삼각형입니다. 아, 그렇구나. 그렇게 되면, 두 각 b의 크기도 같고, 두 각 c의 크기도 같습니다.

피타고라스 이제 설명은 다 끝난 것 같다. 삼각형의 세 각의 합은 $180°$이고, ∠A는 $(b+c)$이기 때문에, $b+(b+c)+c=180°$이다. $2(b+c)=180°$, 즉 $b+c=∠A=90°$가 되는 것이다.

이와 같이 이치를 따져서 설명한다면 누구나 어쩔 수 없이 고개를 끄덕인다. 그리스인이 논리적으로 설명하는 것을 중요시하게 된 데에는 그럴 만한 이유가 있다. 그중 가장 큰 이유는 옛 그리스의 도시국가들에는 민주주의가 발달하여, 어떤 권위보다도 논리를 따져 사람들을 납득시켜야 한다는 관습이 있었기 때문이다.

수학과 궤변 (1)
크레타 섬 사람들과 사형수의 논리학

옛날부터 전해오는 여러 가지 재미있는 논리(궤변?)의 문제가 있다. 이들을 하나하나 살펴보기로 하자.

화살로 눈을 쏠 수 없다 날아가는 화살은 날지 않는다

눈을 향해 쏜 화살이 눈에 닿기 전에 눈은 계속 그 화살을 보고 있으므로 화살은 어떤 순간에도 일정한 위치에 있다. 비록 아무리 눈 가까이 다가와도 그 화살을 보는 눈과 화살 사이에는 무한개의 점이 있으므로 화살은 눈에는 보이지 않지만 그 무한개의 점을 하나하나 통과해야 한다. 결국 아무리 화살과 눈 사이의 거리가 가까워진다 해도 화살은 눈에 맞지 않는다.

그러나 현실에서는 화살이 눈에 맞는다. 그렇다면 이 논리의 어디엔가에 잘못이 있을 것이다. 상식의 세계에 있을 수 없는 일이 논리적으로는 맞는 것이라면 그 논리의 근거에 잘못이 있을 것이다.

현실과 논리 사이의 이 모순은, 화살이 어떤 순간에도 일정한 위치에 '정지'하고 있다는 데서 비롯된다. 즉, '정지'라는 낱말의 의미

에 문제가 있는 것이다.

　'정지'가 '움직이지 않고 멈추어 있다'라는 뜻이라면, 얼마동안 그 화살이 움직이는지 어쩐지를 관찰해봐야 한다. 사진에 찍힌 시계나 달팽이의 모습만으로는 그것들이 움직이는지 어쩐지를 판가름할 수 없는 노릇이다. 시간의 흐름 없이는 '움직인다'는 현상은 일어나지 않기 때문이다.

　이 사실로 미루어, 어떤 한 순간에 있어서 어떤 물체가 이러저러한 위치에 있다고 말할 수는 있어도, '움직이고 있다'라고 한다든지 '정지하고 있다'라고 하는 것은 실은 무의미한 말이다. 영화의 필름을 멈추게 하면 화상(畵像)이 정지하는 것은 현실의 시간이 계속 흐르고 있기 때문이다.

어떤 특정의 순간을 머릿속에서 고정시켜서 생각한다면 날아가는 화살일지라도 '움직이고 있다고도 정지하고 있다고도 말할 수 없다'라는 것은 사실이지만, '정지하고 있다'라고는 단정할 수 없는 것이다.

이렇게 따지면, "날아가는 화살은 날지 않는다"라는 제논의 패러독스는 현실의 시간 흐름을 머릿속에서 멈추게 함으로써 빚어진 잘못임을 알 수 있다. 원래 사고(개념)란 공간적인 것이지 시간적이지 있다. 그래서 시간을 나타내는 시계마저도 우리 인간은 공간적으로 볼 수 있도록 만들었다. 즉 시계바늘이 이동한 거리를 통해서 시간의 흐름을 짐작할 수밖에 없는 게 사고하는 동물인 사람의 숙명(?)이니까 말이다.

반원의 둘레는 원의 지름의 길이와 같다

우리는 원의 둘레를 지름의 길이의 약 3.14배, 정확하게는 지름의 길이의 $\pi(=3.141592\cdots)$배로 알고 있다. 지금부터 하려는 이야기는 지름의 길이의 2배가 원의 길이와 같다는 믿기 어려운 논리인데, 사실은 엉터리 논리이다.

다음 그림에서 보는 바와 같이 $\overline{AB}$를 지름으로 하는 반원의 길이 a는 $\frac{1}{2}\overline{AB}$인 $\overline{AC}$를 지름으로 하는 반원의 길이 b의 2배인 $2b$와 같다. 즉, $2b=2\times\overline{AD}\times\pi=\overline{AC}\times\pi=a$

또, $\frac{1}{4}\overline{AB}$인 $\overline{AD}$를 지름으로 하는 반원의 길이 c의 4배인 $4c$도 a와 같아진다. 즉, $4c=4\times\overline{AE}\times\pi=\overline{AC}\times\pi=a$

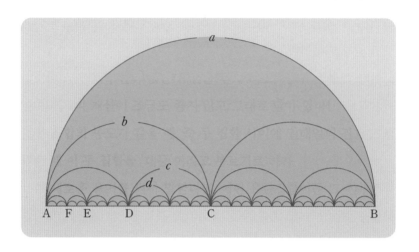

이와 같이 계속하면 $\frac{1}{8}\overline{AB}$, $\frac{1}{16}\overline{AB}$, …인 $\overline{AE}$, $\overline{AF}$, …를 지름으로 하는 반원의 길이들의 8, 16, …배와 a는 각각 같게 된다.

따라서 이런 일을 한없이 계속할 때 반원의 길이는 점점 지름의 길이에 가까워지고 끝내는 지름과 똑같게 된다.

그러므로 지름의 길이와 이 지름으로 그려진 반원의 길이가 같다는 결론이 나온다.

이 논리로 보면 옆의 그림과 같이 삼각형의 두 변의 길이의 합은 다른 한 변의 길이와 같아진다고도 할 수 있게 된다.

이 모순은 그림과 논리를 혼동하기 때문에 생긴 것이다. 아무리 작은 반원이나 삼각형을 그려도 그것들은 영원히 하나의 선분과 같아지지 않는다. 여전히 반원이며 삼각형인 것이다. '한없이 계속하면 지름에 가까워지는 선이 끝내는 지름과 똑같아진다는 것'은 눈으로 본 판단이며 정확한 논리적 판단이 아니다. 믿어야 할 것은 눈이 아니라 논리이다.

재판에 이긴 사람은 누구인가?

거짓말을 누가 잘하는지 상대방과 내기를 하는 놀이가 있듯이, 자기가 옳음을 잘 말해서 내기하는 변론내기도 있다. 이때, 서로 판결이 쉽게 안 날 때는 법원에 재판을 걸어 판가름하기도 한다.

옛날에 변론을 잘하는 변론가가 있었는데 그 변론가에게 한 젊은이가 찾아와서 변론 방법을 배우고 싶어했다. 그런데 이 젊은이에게는 선생님께 드릴 수업료가 없었다. 그래서 선생님과 약속하기를 변론법을 배워 사회에 나가서 변론내기를 하여 이기면 잘 배운 것이므로 선생님에게 수업료를 드리기로 하였다. 그리하여 일정한 기간 동안 변론법을 무료로 배우게 되었다.

따라서 가르치는 선생님이나 배우는 학생도 장차 변론을 하여 이길 것을 기대하고 열심히 노력하였다. 드디어 이 젊은이는 변론법을 훌륭히 배우고 사회로 나아가 여러 면에서 성공을 하였다. 그런데 이 제자는 사회에 나아가 한 번도 변론내기를 하는 일이 없어서 선생님이 수업료를 받을 기회가 없었다.

선생님은 기다리던 끝에 법원에 찾아가 수업료를 받게 해달라고 제자를 걸어 소송을 제기하였다.

이렇게 하여 변론내기는 시작되었고, 재판관인 판사 앞에 선생님과 제자가 자리를 같이하게 되었다.

먼저 선생님은 법관에게 다음과 같이 말했다.

"존경하는 재판관님, 나는 이 재판에 이기든지 지든지 관계없이 저의 제자에게 수업료를 반드시 받을 것입니다. 그것은 이 재판에서 내가 이기면 이 재판의 목적이 수업료를 받으려는 것이므로 당연히 수업료를 받아야 할 것이고, 만약 내가 이 재판에서 진다면 상대적으로 저의 제자가 이기게 되고 처음에 제자와 약속한 대로 변론법을 잘 가르친 것이므로 나는 수업료를 받게 되기 때문입니다. 그러니 수업료를 주도록 판결하여 주십시오."

선생님의 변론을 듣고 있던 제자가 다음과 같이 변론을 시작했다.

"존경하는 재판관님! 선생님의 변론도 옳은 것 같습니다만, 저는 재판에 이기든지 지든지 관계없이 수업료를 드릴 수가 없습니다. 그것은 이 재판이 수업료를 드리느냐, 안 드려도 되느냐 하는 것을 판가름하는 것이므로 재판에 내가 이기면 당연히 수업료를 드릴 필요가 없으며, 만약 내가 이 재판에서 진다면 선생님과의 최초의 약속대로 내기에서 졌으므로 수업료를 드릴 필요가 없기 때문입니다. 그러니 수업료는 절대로 드릴 수 없습니다."

한 사람은 꼭 받게 된다고 하고 또 한 사람은 절대로 주지 않겠다고 주장하는데 재판관은 과연 어떻게 판결해야 되겠는가?

크레타 섬 사람들은 모두 거짓말쟁이다

어떤 사람이 "나는 거짓말을 하고 있다"라고 말했다고 하자. 그의 이 말은 참말일까, 거짓말일까? 만일 그의 말이 참말이면 그는 거짓말을 하고 있으며, 그의 말이 거짓말이면 참말을 하고 있는 것이 된다.

이 보기처럼, 얼핏 보기에 틀린 것처럼 생각되어도 실은 옳고, 역

으로 얼핏 옳은 것 같아도 틀리는 자기 모순(自己矛盾)되는 명제를 패러독스(paradox), 또는 역리(逆理)라고 부른다.

기원전 6세기도 더 되는 옛날에 크레타 섬 출신의 뛰어난 시인이자 예언자인 에피메니데스는 "크레타 섬 사람들이 하는 말은 모두 거짓말이다"라는 유명한 말을 남겼다. 유명하다고 했지만 여러분이 보기에는 어떤가? 약간 과장된 주장이기는 하지만 대단찮은 말로 생각될 것이다.

"오늘 밤에는 모든 별들이 반짝이고 있다."

"우리 반 학생은 모두 천재들이다."

이와 같은 표현과 비슷하다고 할까.

그러나 에피메니데스의 이 말은 근거 없는 단순한 과장 정도가 아니라, 사람들의 사고를 혼란하게 만들 위험한 내용을 담고 있다. 문제는 이 주장을 한 에피메니데스 자신이 크레타 섬 사람이라는 점에 있다. 요컨대 에피메니데스가 말하는 이야기는 모두 거짓말이라는 것을 당사자인 그 자신이 주장하고 있는 데에 말썽의 씨가 있다. 에피메니데스의 이 주장은 맨 처음에 내놓았던 보기와 똑같은 내용의 패러독스인 것이다.

"모든 규칙에는 예외가 있다."

이 평범한 속담을 들어보지 못한 사람은 거의 없을 것이다. 그런데 이 속담도 따지고 보면 자기모순된 패러독스이다. 모든 규칙에 예외가 있다고 한다면 이 규칙, 즉 "모든 규칙에는 예외가 있다"라고 하는 규칙에도 물론 예외가 있어야 한다. 그렇다면 이 규칙의 예외란 무엇일까? 그것은 예외가 없는 규칙이다. 요컨대 "모든 규칙에는 예외가 있다"라고 주장하는 것은 자기 모순에 빠진다.

사형수의 문제

어느 나라에서 사형 폐지의 주장이 크게 일어났으나 결국 사형제도는 그대로 두는 대신, 사형 집행을 판결 이후 1년 이내에 해야 하며, 또 형을 집행하는 날짜를 본인에게 예고해서는 안 된다는 내용의 법률을 제정하였다. 이것은 결국 사형을 폐지시킨 것과 같다. 왜냐하면 365일째는 오늘 사형이 집행된다는 것을 사형수가 미리 알게 되기 때문에 이 날이 사형 집행일이 될 수 없고, 또 364일째는 365일째가 사형 집행일이 될 수 없으므로 364일째가 사형 집행일이 됨을 미리 알기 때문에 이 날이 될 수 없으며, 또 363일째도 같은 이유 때문에 사형 집행일이 될 수 없으므로, 결국 어떤 날에도 사형 집행을 할 수 없기 때문이다.

예언자 이야기

어느 왕국에 예언자가 나타나서 잘못된 정치를 비난하자 왕은 화가 나서 이 예언자를 잡아들였다. 그리하여 무엇인가 예언을 해보라고 명령하면서, 왕은 다음과 같은 말을 덧붙였다.

"만일 너의 예언이 들어맞으면, 그리스도가 그랬던 것처럼 십자가에 못 박겠다. 맞지 않으면 교수형이다."

예언자는 한참 생각한 끝에 다음과 같이 예언했다.

"나는 교수형을 당할 것이다."

예언자는 목숨을 건졌다고 한다. 그 까닭은?

이발사의 모순

어느 마을의 이발소에 들어간 나그네가 이발사에게 경쟁 상대가 있는지를 물었다. 이발사는 이렇게 대답하였다.

"아닙니다. 경쟁 상대는 없습니다. 이 마을 사람 중에서 스스로 수염을 깎는 사람 외에는 모두 내가 수염을 깎아 줍니다."

이 답변을 들은 나그네는 새로운 궁금증이 생겼다. 이 이발사는 자신의 수염을 스스로 깎는지 말이다. 우리도 함께 생각해보자.

먼저, 이발사가 스스로 면도를 한다고 하자. 그러면 이 이발사는 자신의 수염을 스스로 깎는 사람에 대해서는 면도를 안 하기 때문에, 결국 그는 자신의 수염을 자신이 깎지 않는 셈이 된다. 그렇다면

그가 자신의 면도를 하지 않는다고 해보자. 그러나 이 이발사는 스스로 수염을 깎지 않는 사람에 대해서는 모두 면도해주기 때문에 결국 그는 자신의 수염을 깎는 셈이 된다.

이런 기막힌 일이란! 알고 보면 이발사는 가엾게도 자신의 수염을 깎을 때는 깎지 않고, 깎지 않을 때는 깎는다는, 이러지도 저러지도 못하는 처지인 것이다.

스물한 개 이하의 글자로 나타낼 수 없는 최소의 정수

마지막으로, 수와 관련이 있는 문제를 생각해보기로 하자.

모든 양의 정수는 구태여 아라비아 숫자로 쓰지 않고도 나타낼 수 있다.

가령, 7은 '七', '일곱 번째의 정수', '세 번째에 나타난 홀수인 소수'로, 63은 '六十三', '九의 일곱 배'로, 7396은 '七千三百九十六', '百의 七十三배에 九十六을 더한 것', '八十六의 제곱' 등으로 말이다.

어쨌든 이런 식으로 정수를 나타내기 위해서는 반드시 몇 개의 낱말이 필요하다.

여기서 모든 정수를 두 개의 집합으로 나누어 보자. 즉, 21개 이하의 글자로 나타낼 수 있는 정수를 첫 번째 집합에, 그리고 22개 이상의 글자가 필요한 정수를 두 번째 집합에 들어가도록 말이다. 그러면, 두 번째 집합에 속하는 정수 중에는 분명히 최소의 수가 하나 있지만, 그 수가 어떤 수인지는 여기서 문제삼을 필요가 없다. 다만, '스물한 개 이하의 글자로 나타낼 수 없는 최소의 정수'가 어떤 특별한 수라는 것만을 명심해두면 된다. 그런데 이 문장에는 21개의 글자밖에 없다. 바꿔 말하면, 21개 이하로 나타낼 수 없는 정수 중 최소의 정수가 18개의 글자로 나타내진다는 모순된 이야기가 된다.

수학에서는 어떤 명제가 참임을 증명하는 일이 많다. 증명이란 변론과 같이 옳다고 이미 알려진 성질을 써서 명제의 가정으로부터 결론에 이르기까지 계통을 세워서 조리 있고 모순됨이 없이 설명해나가는 것을 말한다.

인간이 다른 동물에 비해 위대한 이유는 생각할 수 있기 때문이며 생각하는 방법은 '논리'에 따른다. 인간이라면 누구나 논리에 승복할 수 있다. 논리란 한 마디로 바르게 생각하는 방법이며, 수학이 모든 학문의 근원이 된 이유는 논리에 바탕을 두고 있기 때문이다. 모든 사람을 납득시킬 수 있는 것은 오직 논리뿐이며, 어떤 일에 있어서도 논리적이 아닌 것은 비록 권력자의 명령일지라도 승복할 수 없다는 신념 때문에, 그리스에서는 일찍부터 기하학이 성하고 동시에 민주 사회가 실현되었던 것이다. 권력자의 말이면 덮어놓고 "옳습니다", "황공하옵니다"라고 굽실거리는 분위기 속에서는 논리성이 가꾸어질 턱이 없고 따라서 수학도 발달하기가 어렵다.

유클리드가 왕의 가정교사가 되었을 때의 일화는 너무도 유명하다.

"아무리 생각해도 기하학이 너무 어렵고 재미가 없습니다. 좀 더 쉽고 재미있게 공부할 수 없을까요?"
라고 왕이 푸념하자 유클리드는

"비록 임금님이라 할지라도 기하학을 배우는 방법이 따로 있지는 않습니다."
라고 말했다.

다시 말해서 기하학 — 당시의 수학은 기하학뿐인 것으로 생각하고 있었다 — 은 논리적인 학문이며 따라서 모든 인간이 같은 방법, 곧 논리로 생각해야 한다는 가르침이었다.

수학과 궤변 (2)
누가 거짓말을 더 잘하는가?

만우절인 4월 1일에는 어떤 거짓말을 해도 죄가 안 된다고 했다. 누가 그런 날을 만들어냈는지는 알 수 없으나 아무튼 늘 거짓이 없는 생활을 하다가 일 년에 하루쯤은 마음놓고 거짓말을 해보자는 뜻에서 그런 날을 정했는지도 모른다.

어쨌든 우리는 4월 1일 하루뿐만 아니라 다른 날에도 거짓말을 하고 싶을 때가 있다. 그래서 서로가 거짓말을 한다는 전제 아래, 속이고 속는 거짓말놀이를 생각해냈다. 회원들이 마음대로 거짓말을 할 수 있는 '거짓말 클럽'과 같은 것을 만든 것이다. 우선 누가 그 회원인가를 분명히 알아내기 위해서 다음과 같은 문제가 있다.

문제 1

세 사람이 있다. 이 사람들에게 항상 거짓말만을 하는 '거짓말 클럽'의 회원인가를 물었더니, 처음 A는 무언가 중얼거렸으나 잘 알아들을 수가 없었다.

다음에 B가 말하기를,

"지금 A는 그런 클럽의 회원이 아니라고 말했는데, 사실 A는 회원이 아니며 나 또한 회원이 아니다."

이때 C가 말하기를,

"거짓말이야! A는 그 클럽의 회원이야."

그렇다면, 과연 누가 '거짓말 클럽'의 회원이며, 또 누가 회원이 아닌지를 따져 보자. 단, 이 클럽의 회원은 반드시 거짓말을 하고 회원이 아닌 사람은 절대로 거짓말을 하지 않는 것으로 한다.

|정답| 문제는 주먹구구로 알아맞히는 단순한 퀴즈가 아니라 수학적인 추리가 필요하다. 우리가 구하고자 하는 답은 다음 표의 1부터 8까지의 경우 중에서 하나이다.

	1	2	3	4	5	6	7	8
A	○	○	○	○	×	×	×	×
B	○	○	×	×	○	○	×	×
C	○	×	○	×	○	×	○	×

회원인 경우는 ○이고 회원이 아닐 때에는 ×로 한다.

B의 대답부터 보면 "A는 클럽의 회원이 아니며 나(B)도 가입하지 않았다"이다. 이것은 B가 회원이면,

$$A = ○ 이고, B = ○$$

B가 회원이 아니면,

$$A = × 이고, B = ×$$

그러니까 1, 2, 7, 8의 4가지 경우 중 하나가 된다.

다음으로 B와 C는 서로 반대의 사실을 주장하고 있다.

$$B = ○ 이고, C = ×, 또는 B = × 이고, C = ○$$

요컨대 위의 2 또는 7의 경우이다. 또, 생각해야 할 것은 A와 C의 입장이다. C는 A가 말한 바를 부정하고 있으므로

$$A = \circ \text{이고, } C = \times, \text{ 또는}$$

$$A = \times \text{이고, } C = \circ$$

이것은 2와 7 두 경우가 다 이 조건에 맞는다. 따라서 2와 7 중에서 어느 하나를 택해야 할지가 문제이다. 보통 사람은 이 단계에서 포기해 버린다.

문제 해결을 위해서는 도중 하차는 금물이다. 여기서 다시 한번 문제를 처음부터 생각해보자.

과연 A는 실제로 "나는 회원이 아니다"라는 말을 했는지의 여부를 검토해야 된다. 유감스럽게도 A의 대답은 직접 들을 수가 없었다. 그러나 A가 회원이었다면 어떻게 대답할 것인지, 또 회원이 아니었다면 어떻게 대답할 것인지를 생각해볼 수는 있다. 어느 경우에든 A는 "회원이다"라고 말할 수 없다.

왜냐하면 A가 회원이 아니라면 거짓말을 하지 않으므로 사실대로 "회원이 아니다"라고 했을 것이고, 또 A가 회원이었다면 거짓말을 하는 것이므로 그 사실을 부정해서 역시 "회원이 아니다"라고 했어야 한다. 그렇다면 B는 A가 말한 대로 전한 것이 되므로 거짓말을 하지 않고 있다. 곧, B는 회원이 아니다. 따라서

$$B = \times$$

이렇게 따지면 답은 7의 경우가 된다. 즉,

$$A = \times \text{이고, } B = \times, C = \circ$$

유명한 탐정 소설가들은 대부분 수학을 좋아한다. 물론 수학이라 해도 계산을 한다든지 공식을 외우는 일 따위가 아니라 차근차근 따져 들어가서 마침내 하나의 결론에 도달하는 일, 즉 추리를 숭상한다는 이야기이다.

그것은 탐정이란 무엇보다도 범인이 거짓말을 하고 있는지의 여부를 잘 가려내야 하기 때문이다. 탐정 소설을 구상하기 위해서는 논리성이 정확해야 한다.

문제 1에서 그런대로 수학적 추리라는 것이 무엇인가를 알았던 그 힘을 빌어 다음 문제에 도전을 해보자.

문제 2

어느 외딴 섬에 늘 거짓말을 하는 '거짓말족'과 항상 진실만을 말하는 '참말족'이 살고 있었다. 한 여행가가 이 섬에 상륙해보니 세 사람이 나란히 앉아 있었다. 오른쪽에 앉은 사람에게

"가운데 앉아 있는 사람은 참말족입니까?"

하고 물었더니,

"그 사람은 거짓말족입니다."

라는 대답이 나왔다. 또, 가운데 앉은 사람에게

"좌우 양쪽에 앉은 사람들은 거짓말족입니까, 아니면 참말족입니까?"

하고 물었더니,

"둘 다 나와 같은 족속입니다."

라고 대답했다. 또, 맨 왼쪽에 앉은 사람에게

"가운데 앉은 사람은 참말족입니까?"

하고 물으니

"그렇습니다."

라고 대답했다.

과연 이들 세 사람 가운데 참말족은 누구일까?

|정답| 좌우 가장자리에 앉아 있는 두 사람은 같은 물음에 대해서 서로
다른 대답을 했다. 그러므로 이들 중 어느 한쪽이 거짓말족이라야 한
다. 그런데도 가운데 앉아 있는 사람은 양쪽 모두 나와 같은 족속이라
했다. 따라서 가운데 앉아 있는 사람은 거짓말족이다. 결국 오른쪽에
앉은 사람이 참말족의 사람임을 알 수 있다.

이상의 두 문제를 해결하는 데에는 전혀 공식이나 계산 따위를 쓰
지 않고 오로지 정확한 논리성만 있으면 되었다. 이제 여러분이 얼
마만큼 수학적인 추리력을 기를 수 있게 되었는지 알아보기 위해 다

음 문제를 생각해보자. 이번에는 한 사람을 더 늘린, 네 사람인 경우에 관해서 앞에서와 비슷한 내용의 추리 방법을 이용해본다.

문제 3

앞에서와 같이 '거짓말 클럽'의 회원은 거짓말을 하고 '참말 클럽'의 회원은 늘 진실만을 말하는 것으로 한다.

어떤 파티에서 네 사람의 신사를 만났다. 이 네 사람에게

"당신들은 거짓말 클럽의 회원입니까? 참말 클럽의 회원입니까?"

하고 물으니 네 사람의 대답은 각각 다음과 같았다.

신사 A : "우리 네 사람은 거짓말 클럽의 회원입니다."

신사 B : "거짓말 클럽의 회원은 한 사람밖에 없습니다."

신사 C : "네 사람 중 두 사람은 거짓말 클럽의 회원입니다."

신사 D : "나는 참말 클럽의 회원입니다."

자, 그렇다면 D는 어느 쪽 회원일까?

|정답| A는 거짓말 클럽의 회원이다. 만일 네 사람 모두 거짓말 클럽의 회원이면, 모두 거짓말 클럽의 회원이라고 대답하지 않았을 것이다. 따라서 적어도 한 사람은 참말 클럽의 회원이어야 한다.

B도 거짓말 클럽의 회원이다. 만일 참말 클럽 회원이면 A가 거짓말 클럽의 회원이기 때문에 C, D는 참말 클럽의 회원이 된다. 그런데 B, C의 답이 다르기 때문에 B도 거짓말 클럽의 회원이다.

C는 어느 클럽의 회원인지 알 수 없으나 그가 거짓말 클럽의 회원이면 A, B, C는 모두 거짓말 클럽의 회원이다. 따라서 A의 답으로부터

네 사람 중 한 사람은 참말 클럽의 회원이기 때문에 D는 참말 클럽의 회원이다.

즉, 어느 경우이든 D는 참말 클럽의 회원이다.

뒤에서 공격하는 귀류법
알리바이를 증명하는 방법

"자연수는 무수히 많다."

이 명제를 증명하기 위해서는 어떻게 하면 좋을까?

"자연수는 1, 2, 3, … 이렇게 한없이 이어지니까."

라는 대답으로는 충분하지 않다. 이것을 증명하는 방법은 다음과
같다.

❶ 자연수는 무수히 많지는 않다. 곧 유한개밖에 없다고 가정하자.

❷ 그러면 모순이 생긴다. 자연수의 개수가 유한개이면 최대의 수 a가 있어야 하
지만, a가 자연수이면 $a+1$도 자연수가 된다는 '약속'에 의해 결국 a는 최대
의 수가 못 된다!

❸ 따라서 자연수는 무수히 많다.

이 방법은 어떤 주장을 부정하면 모순이 생긴다는 사실을 지적하
여 결국 이 주장이 옳다는 것을 증명한다고 해서 '귀류법'이라는 이
름으로 불린다는 것은 앞에서도 이야기했다.

방화 사건의 범인이라는 억울한 누명을 쓴 사람은 어떻게 하면 자

신의 결백을 경찰관 앞에서 증명할 수 있을까?

"나는 절대로 범인이 아니오!"

하고 수십 번, 아니 수백 번 외친들 경찰에서는 그 말을 믿지 않을 것이 뻔하다. 이럴 때 필요한 것은 그 시각에 방화의 현장에 본인이 없었다는 사실을 증명하는 '알리바이(현장 부재 증명)'를 대면 된다.

현장으로부터 1시간 거리에 있는 친구 집에서 그 시각에 다른 사람들과 어울려 놀았다는 사실이 밝혀지면 알리바이는 성립하고 혐의를 벗어나게 된다.

알리바이라는 것은 "범인이라면 반드시 범행 시각에 현장에 있었어야 한다"라는 생각에 "범행 시각에 현장에 없었던 사람은 범인일 수 없다"라는 생각을 덧붙인 것이다. 그러니까 똑같은 내용에 관해 정면으로부터가 아닌 뒷면에서 말한 것에 지나지 않는다.

앞에서 이야기한 바와 같이 수학에서는 이러한 배후 공격에 의한 증명 방법을 '귀류법'이라 부르고 있다.

귀류법이라는 이름은 아주 어마어마하게 들리지만 누구나 무의식 중에 흔히 일상적으로 즐겨 쓰는 공격법이다.

"만일 그렇다고 한다면, 이렇게 되어 결국 이치에 어긋나지 않는가?"

하고 따져드는 방법이 바로 이 귀류법이다.

수학에서는 정면 공격이 도저히 불가능할 때가 있기 때문에 이 생각을 익히고 있으면 큰 도움이 된다.

귀류법에 의한 증명은 무엇을 부정하고, 무엇을 근거로 따져야 하는지, 또 어떻게 하여 모순을 찾아내면 좋은지 등 여러 가지 번거로운 절차가 필요하지만, 직접적인 증명이 불가능할 때의 유력한 무기임에는 틀림없다. 이 귀류법은 수학에서는 대단히 중요한 증명법이므로 다시 한번 강조해둔다.

"달무리가 지면 다음날 비가 온다."

"위 아래로 진동하는 것은 강한 지진이다."

이러한 지식은 사람들의 오랜 경험을 통해 얻은 것이지만, 일상 생활에서 흔히 법칙으로 알려져 있는 것 중에는 옳지 않은 것도 있다.

특히 수학에서는 이러한 예상이 어긋나는 경우가 많다.

한 가지 보기를 들어 보자.

"1보다 큰 어떤 자연수 n에 대해서도, $n^3 - n$은 언제나 3으로 나누어 떨어진다고 말할 수 있는가?"

$n^3 - n$을 인수분해하면 n을 가운데에 두고, 그보다 1 작은 수와 1 많은 수를 좌우로 곱하는 꼴로 된다. 곧,

$$n^3 - n = n(n^2 - 1) = n(n+1)(n-1)$$
$$= (n-1)n(n+1)$$

연속된 3개의 자연수 중에는 반드시 3, 또는 3의 배수가 있기 때문에, 결국 $n^3 - n = (n-1)n(n+1)$은 n이 1보다 큰 어떤 자연수에

대해서도 3으로 나누어 떨어진다는 것을 알 수 있다.

일일이 따지는 것을 여기에서는 생략하겠지만, $n^5 - n$은 5에 의해, 그리고 $n^7 - n$은 7에 의해 나누어 떨어진다는 것을 역시 증명할 수 있다.

이쯤 되면, $n^9 - n$은 9에 의해 나누어 떨어지고, $n^{11} - n$은 11에 의해 나누어 떨어지고, 요컨대 일반적으로

n이 어떤 자연수일지라도 k가 홀수일 때,
$n^k - n$은 반드시 k에 의해 나누어 떨어진다.

는 법칙이 성립하는 것으로 짐작하기 쉽다.

하지만 이 추측은 옳지 않으며, 이를 보여주기 위해서 n이 2이고 k가 9일 때를 보기로 들면 충분하다. 여러분 스스로 계산해서 확인해보라!

어떤 주장이 일반적으로 성립하지 않는다는 것을 보여주는 보기를 '반례'라고 하는데 일반적인 법칙이 될 만한 일도 반례 하나만으로 뒤집혀지고 말기 때문에 수학이란 조금도 마음을 놓을 수 없는 학문이라고 말할 수 있다.

죽음과 논리학

인간은 누구나 죽는다는 것은 숙명적인 일이다. 인생의 허무함을 가리켜 "인생은 아침 이슬과 같다"느니, "인생은 하루 아침의 꿈"이니 하는 말을 흔히 듣는다.

영어에도 "Man is mortal(사람은 누구나 죽을 운명에 있다)"라든지, 그리고 이 사실을 마음에 꼭 새겨 두라는 뜻으로 "Time and tide wait for no man(세월은 사람을 기다리지 않는다)"라는 격언이 있다.

그런데도 사람들은 이런 일을 까마득히 잊은 양, 매일 매일의 삶에 열중하고 있다.

지금 어떤 심술꾸러기가 천년 만년이나 살 것 같은 기분으로 있는 친구에게,

"너는 한 사람의 인간이다. 모든 인간은 죽는다. 따라서 너도 죽는다."

라며 이치를 따져서 — 논리적으로! — 그의 죽음을 예언(?)했다고 하자. 그런데 이 말을 들은 친구가,

"그렇지만 모든 인간이 죽는다고 해서 반드시 나도 죽는다고 할 수는 없잖아. 계속 살아가면서 인생을 즐길 수도 있는 것이지."

이렇게 대꾸한다면 어떨까? 그를 꼼짝없이 굴복시키기 위해서는 수학 시간에 배운 집합을 이용하면 된다.

지금 모든 인간의 집합을 Y, 모든 생물 그러니까 죽을 운명에 있는 것들의 집합을 S, 그리고 결코 죽지 않는다고 버티는 그 친구 한 사람만으로 된 집합을 X라고 하자.

그러면 S, Y, X 사이에는 다음 관계가 성립한다.

첫째, X는 Y의 부분집합, 곧 $X \subset Y$이다.

둘째, Y는 S의 부분집합, 곧 $Y \subset S$이다.

셋째, 따라서 X는 S의 부분집합, 곧 $X \subset S$가 된다.

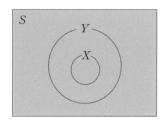

요컨대 X는 죽을 운명에 있는 것들의 집합의 부분집합이기 때문에 그 원소인 그 친구도 어쩔 수 없이 죽어야 한다.

기호와 논리
문자를 이용해 법칙을 표현한다

15세기에서 16세기에 걸쳐서 이탈리아를 중심으로 새로운 수학이 생겼다.

이 수학(대수)의 특징은 첫째로, 인도·아라비아식 숫자를 사용했다는 점이다. 이것은 오늘의 여러분에게는 아무것도 아닌 일로 보일지 모르지만, 당시의 숫자가 얼마나 불편했는가를 생각하면 엄청난 역사적 사건이었음을 알 수 있다.

둘째로, 오랜 세월에 걸쳐 수학계의 숙제였던 3차·4차방정식의 해를 구할 수 있었다는 점이다. 이것이야말로 근세 유럽이 그리스나 아라비아 등 선배들의 업적을 능가하는 기념비적인 성과였다.

여기서 여러분들은 다음 두 가지 점에 주의할 필요가 있다. 그 하나는 이 새로운 대수학도 여전히 그리스 이래의 기하학의 뒷받침을 받아야 했다는 사실이다. 즉, 기호 계산으로 답을 얻었다 해도 그것이 옳은 답인지 아닌지를 판가름하기 위해서는 반드시 기하학의 정리를 써서 증명하도록 되어 있었던 것이다. 말하자면 기호 계산은 바른 답을 찾기 위한 도구의 구실을 하는 데 그쳤다. 요컨대 답을 찾기 위해서는 편리한 '기호'의 힘을 빌리지만, 증명만은 기하학이 떠맡는다는 식이었다.

또 한 가지 주의해야 할 것은 방정식을 풀 때의 설명에 관해서이다. 당시의 방정식의 '해'는 먼저 구체적인 수치를 써서 답을 구한 다음, 실제 예를 통해서 얻은 이 방법을 일반의 경우에도 적용해보는 식이었다. 예를 들어 1차방정식을 푸는 방법을 설명하는 데는

$$3x+2=x+6$$
$$3x-x=6-2$$
$$2x=4$$
$$\therefore x=2$$

라는 실례를 보여주면서,

"먼저, 좌변에 x항을 모으고 그 다음에 우변에 상수항을 모으자. 그리고 양변을 x의 계수로 나누자…."

라는 따위였던 것 같다.

이에 대해서 간단하게 일반 법칙을 설명하는 다음 방법이 있다.

$$ax+b=cx+d \qquad \cdots\cdots ❶$$
$$ax-cx=d-b$$
$$(a-c)x=d-b$$

$a\neq c$이면

$$x=\frac{d-b}{a-c}$$

위의 방법은 a, b, c, d가 어떤 수일지라도 a와 c가 다르면 반드시 답을 찾을 수 있다는 것을 보여주고 있다. 게다가 이 방법은 답을 찾아낼 뿐만 아니라, 그렇게 해서 얻은 답이 옳다는 것을 증명하는 힘마저 지니고 있다. 즉, 위의 x값을 원래의 식에 대입해보면 좌우변이 똑같아지는데, 이것은 앞에서 찾아낸 해가 정답이라는 것을 증명하는 것이다. 실제로 이 x값을 ❶에 대입해보면 다음과 같다.

$$\frac{ad-bc}{a-c} = \frac{ad-bc}{a-c}$$

결국 이와 같이 문자를 써서 숫자와 똑같은 방법으로 계산하면, 답으로 생각되는 값을 찾을 수 있을 뿐더러, 이것이 바로 정답이라는 증명도 할 수 있다. 종전에는 '증명'이라면 '기하'였던 것이 이제는 달라졌다. 구체적인 숫자를 쓰는 대신에 문자를 사용해서 일반 법칙 그대로를 나타낼 수 있게 된 것은 수학 역사상 하나의 혁명이었다. 이 방법을 고안한 사람은 다름 아닌 데카르트(R. Descartes, 1596~1650)였다.

데카르트 | 도형을 수식으로 바꾸어 연구하는 해석기하학을 낳았다.

원래 기하학이라는 것은 도형의 성질을 조사하는 것이지만, 데카르트는 도형을 수식으로 바꾸어 연구하는 새로운 기하학, 즉 '해석기

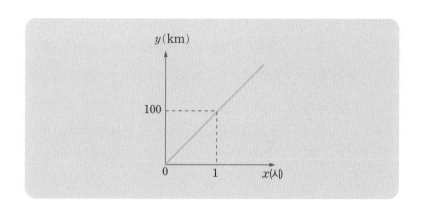

하학'을 낳게 한 사람으로 잘 알려져 있다.

예를 들어 다음의 그래프는 어느 고속 열차가 서울역을 출발한 지 몇 분 후에 서울역으로부터 몇 km의 지점에 있는가를 한눈에 볼 수 있게 해준다. 이 그래프가 나타내고 있는 관계는 여러분이 잘 아는 비례의 관계여서, 거리를 y(km), 시간을 x(시)로 했을 때, $y=100x$ 로 표시할 수 있다.

역으로 수식이 주어졌을 때 그것을 그래프로 나타낼 수 있다. 해석기하학에 관한 자세한 이야기, 이를테면 어떤 식은 어떤 도형으로 나타낸다든가, 어떤 그래프는 어떤 식으로 표시된다든가 하는 등의 이야기는 여기서는 더 이상 따지지 않겠다. 다만 강조해둘 것은 도형과 수식 사이에는 밀접한 관계가 있다는 점이다. 위의 보기에서 말하면, 시간의 움직임과 열차가 달리는 거리 사이의 관계 등을 식으로도 도형으로도 똑같이 나타낼 수 있다는 사실이 그것이다.

그러나 데카르트가 해석기하학이라는 새로운 수학의 창시자로 일컬어지는 것은 단순히 도형을 식으로 바꾸고, 식을 도형으로 바꾸는

데 그치지 않고, 기호 계산의 규칙을 이론적으로 정리하고, 그것을 무기로 삼아 도형에 관한 일반적인 경우를 다루기 시작했기 때문이다.

하기야 그래프와 같은 도형과 수식 사이의 관계만이라면, 데카르트의 시대에도 아니 그 이전에도 연구한 사람이 있었다. 옛날 일을 말한다면, 그리스 시대에 아폴로니오스라는 수학자의 연구가 그것이었고, 또 데카르트와 동시대의 페르마는 이 점에 관해서는 오히려 데카르트보다 뛰어난 업적을 남겼다. 그러나 문자 기호를 이용함으로써 수학에 새로운 길을 열어 보겠다는 데카르트의 포부는 페르마에게서는 찾아볼 수 없었다. 페르마가 이룩한 일이 사실 훌륭하기는 했으나, 그것은 아폴로니오스 이래의 그리스적 방법을 완성하는 데그쳤다. 이 점에서 페르마가 남긴 업적은 혁명적인 데카르트의 업적에 훨씬 미치지 못했다.

학교에서 배우고 있는 대수의 기호 계산에 대해 멋도 없고 그저 번거로울 뿐이라고 투덜대는 학생들이 있을지 모른다. 그러나 기호 계산을 시작했다는 일이야말로 수학의 역사상 무엇과도 비교할 수 없을 만큼 큰 사건이었다는 것을 잊어서는 안 된다.

고마운 기호의 역할 (1)
디오판토스의 묘비에 새겨진 수학 문제

수학이 싫다는 이유 중에는 딱딱하게 보이는 기호 때문이라는 말이 있다. 그러나 가령 그것이 없다면 얼마나 불편할지 한번 생각해 보자.

성경의 '마태복음'에는 다음과 같은 글이 있다.

> 아브라함이 이삭을 낳고, 이삭은 야곱을 낳고, 야곱은 유다와 그의 형제를 낳고, …, 살몬을 낳고…, 엘리웃은 엘르아살을 낳고, 엘르아살은 맛단을 낳고, 맛단은 야곱을 낳고, 야곱은 마리아의 남편 요셉을 낳았으니 마리아에게서 그리스도라 칭하는 예수가 나시니라.

아무리 의미 있는 말씀일지라도 머리에 빨리 들어오지 않는다.

사람은 언어를 비롯해서 여러 '기호'로 생각한다. 따라서 무엇보다도 생각하는 일에 골몰하는 수학에는 기호가 그만큼 필요하다는 것은 당연한 이야기이다. 가령, 갑돌이와 갑순이의 아들은 돌쇠이고 그들의 손자는 철수와 순이, 그리고 철수의 아이는 영숙이와 영남이라고 줄줄이 나열하는 것보다도 다음과 같이 기호(도식)로 나타내는 것이 훨씬 알기 쉽다.

수학을 아예 '기호의 학문'이라고 부르는 사람도 있을 정도로 수학에서는 기호를 중요시한다. 아무리 훌륭한 수학의 내용도 기호가 없으면 그 뜻을 전달하기가 어렵다. 물론 수학이 처음 생길 때부터 지금처럼 많은 기호가 쓰였던 것은 아니고 수학이 발달함에 따라 그만큼 많은 기호, 편리한 약속이 쓰이게 되었다. 한편으로는 편리한 기호의 발명이 수학의 발전을 촉진시킨 일도 있다.

"5에 어떤 수를 더하고 그것을 2배 하였더니 100이 되었다. 그 수를 구하여라."

이러한 문제가 주어진다면, 여러분은 $(5+x) \times 2 = 100$이라는 식을 세워 여기서 x의 값을 찾아낼 것이다. 이것만 있다면 일일이 그 뜻을 생각할 필요도 없이 기계적인 계산이 가능해진다. 그러나 아라비아 숫자라든지, ( ), $+$, $=$, x 등의 기호를 가지고 있지 않았던 옛날 사람들은 이러한 문제를 푸는 데 쩔쩔맸다. 다시 말하면, 수학 문제 풀이가 옛날에 비해 이처럼 쉬워진 것은 오로지 기호 덕분이다. 이와 같이 간단한 것도 그런데, 하물며 이보다 몇 배 어려운 고등수학에는 얼마나 많은 기호가 필요할지 짐작하고도 남을 것이다.

수학자 디오판토스의 묘비에 이런 말이 있다고 한다.

"지나가는 나그네여, 이 비석 밑에는 디오판토스가 잠들어 있소. 그의 생애를 수로 말하겠소. 일생의 $\frac{1}{6}$은 소년시대였고, $\frac{1}{12}$은 청년시대였소. 그 뒤 다시 일생의 $\frac{1}{7}$을 혼자 살다가 결혼하여 5년 후에 아들을 낳았고, 그의 아들은 아버지 생애의 $\frac{1}{2}$만큼 살다 죽었으며, 아들이 죽고 난 4년 후에 비로소 디오판토스는 일생을 마쳤노라."

디오판토스가 x살에 세상을 떠났다고 하면

$$x = \frac{x}{6} + \frac{x}{12} + \frac{x}{7} + 5 + \frac{x}{2} + 4$$
$$x = 84$$

가 된다.

누구에게나 어김없이 정확한 뜻을 전하기 위해서는 군살을 뺀 무표정한 기호를 어쩔 수 없이 사용하게 된다. 이 점을 이해하고 사용법만 충분히 익힌다면 기호는 참으로 고마운 것임을 알 수 있다.

고마운 기호의 역할 (2)
수학의 역사는 기회의 역사이다

수학은 기호의 학문이라는 말도 있다. 기호를 쓰는 이유는 말이나 글로 표현하면 길어지는 것을 간단히 한눈에 보게 할 수 있기 때문이다.

고속버스를 타고 여행할 때 도로변에 있는 여러 기호를 주의해서 보면 "이 지역에서는 추월하면 안 된다" 또는 "조금 가면 도로 공사 중인 곳이 있다"라는 등을 아래와 같이 표시해놓고 있다.

이와 같이 기호만을 보고 기계적으로 일을 처리할 수도 있으므로 이는 매우 편리한 일이다. 어려운 내용을 기호 하나로 표시함으로써 우리는 사고의 낭비를 막을 수 있다.

기호의 역사는 곧 수학의 역사이기도 하다.

보통 덧셈, 뺄셈 등의 셈을 할 때에는 등호(=)를 사용할 필요가 없다. 예를 들면 "3에 4를 더하면 얼마인가?"에 대해 답을 "7"이라고 쓰면 된다. 이것을 구태여 3+4＝7이라고 쓸 필요는 없다. 등호가 효력을 발휘하는 것은 방정식의 문제를 다룰 때이다. 그렇다면 우리는 언제부터 등호(＝)를 사용했던 것일까?

지금 우리가 쓰고 있는 등호 '＝'는 영국 사람 레코드(R. Recorde, 1510~1558)가 1557년에 쓴 책《지혜의 숫돌》에서 처음으로 등장한다. 레코드가 등호로 '＝'을 사용한 것은 '세상에는 2개의 평행선만큼 같은 것이 없기 때문에'라는 생각에서 비롯되었다.

영국에서 등호 '＝'가 쓰이고 있을 무렵 유럽 대륙에서는 이 기호를 다른 뜻으로 사용하였다.

가령 프랑스의 수학자 비에트(F. Viete, 1540~1603)가 1591년에 쓴 책에는 이 기호가 두 수의 차(－)를 나타내는 것으로 쓰이고 있다. 그런가 하면 지금의 102.857을 102＝857과 같이 나타내어 소수점의 뜻으로도 쓰이고, 두 개의 직선이 평행이라는 것을 나타내는 뜻으로도 쓰였다.

또, '⊏, |, 2|2'등을 등호로 나타내는 기호로 사용하기도 하였다. 가령, $a^2+ab=b^2$을 $a2+ab$ 2|2 $b2$로 나타냈다.

한편, 우리가 쓰고 있는 부등호 ＞, ＜를 처음으로 사용한 사람은 영국의 헤리어트(T. Harriot, 1560~1621)이다.

당시 영국에서는 오트레드(W. Oughtred, 1574~1660)가 발명한 기호 ⊏(＞)와 ⊐(＜)이 많이 쓰이고 있었다. 등호와 부등호를 함께 덧붙인 기호 ≧, ≦를 처음 쓴 사람은 프랑스인 부게(P. Bouguer, 1698~1758)이며, 1734년에 그가 쓴 책에 나와 있다.

수학의 역사에 2차식이 등장한 시기는 매우 빠르다. 가령 원이나 정사각형의 넓이 같은 것을 계산한다면 어김없이 πr^2이나 x^2과 같은 식이 필요했기 때문이다. 2차식 x^2의 계산을 하게 되면 자연히 그것의 역산인 제곱근의 계산도 하게 된다. x^2을 X라 하면 $\sqrt{X}$는 x이다 ($x>0$). 그러므로 근호인 $\sqrt{}$의 기호가 필요했다.

수학의 다른 어떤 기호도 그렇듯이 처음부터 $\sqrt{}$가 지금처럼 널리 통일적으로 사용된 것은 아니었다.

옛 인도 사람들은 인도말로 무리수의 '무리'라는 말이 'carani'였으므로 그 첫자 c로써 표시했다. 그래서

$$ru3c45 \quad (3+\sqrt{45})$$
$$c15c1\dot{0} \quad (\sqrt{15}-\sqrt{10})$$

라는 식으로 사용했다.

아라비아 사람들은 제곱근의 근을 나타내는 'jidr'의 첫자(아라비아글자)를 사용하고 $\dfrac{>}{48}(\sqrt{48})$로 썼다.

제곱근(Square root)의 root는 라틴어의 radix와 관계가 있다. 그래서 $\sqrt{}$의 기호가 나오기 전에는 radix de 4 et radix de 13(4의 제곱근과 13의 제곱근 ; $\sqrt{4}+\sqrt{13}$)이라고 썼다.

또한 16~17세기에는 제곱근의 기호에 l을 쓰기도 했다.

l은 latus(정사각형)의 한 변이라는 뜻이며, 로마 시대에는 '제곱근을 구하라'는 말 대신 '라트우스를 구하라'고 했다.

그 보기로서

$$l \; 27 \; ad \; l \; 12 \quad (\sqrt{27}+\sqrt{12})$$

와 같은 표시법을 썼다.

16세기 중엽에는 $\sqrt{\ }$ 를 다음과 같이 쓰기도 했다.

$$r^l, r^v$$

오일러(A. L. Euler, 1707~1783)는 $\sqrt{\ }$ 가 r을 변형시킨 것이라고 했다. 오늘날처럼 제곱근을 $\sqrt{\ }$ 로 쓴 사람은 데카르트이다.

어쨌거나 우리가 현재 사용하고 있는 기호가 등장하기까지 많은 수학자들의 여러 창안이 끊임없이 제출되었다가 사라지고, 또는 개량되어온 역사가 있었음을 잊어서는 안 된다. 그리고 이러한 노력이 베풀어진 까닭은 오직 수학의 '문장(명제)'을 명확하게 나타내기 위한 바람 때문이었다는 것도 말이다.

수학 기호의 역사
$+, -, \times, \div, \pi, x$의 역사

$+$와 $-$

이 두 기호는 독일의 비드만(J. Widmann)이라는 사람이 1489년에 지나치다($+$), 부족하다($-$)의 뜻으로 사용하면서, 차츰 덧셈·뺄셈의 기호로 쓰이게 된 것이라 한다.

하지만 $+$를 처음 쓴 사람은 비드만이 아닌 이탈리아의 수학자 레오나르도 피사노(Leonardo Pisano)인데, 피사노가 '7 더하기 8'을 '7과 8'로 쓰면서 라틴어로 '그리고'를 뜻하는 'et'를 줄여 $+$의 기호가 만들어졌다고 한다. $-$는 minus(마이너스, 빼기)의 머리글자 m을 빨리 쓴 것이 이렇게 되었다고 한다.

$\times$

이 기호는 1631년에 출판된 오트레드(W. Oughtred, 1574~1660)의 《수학의 열쇠》라는 책에서 처음으로 쓰였다.

$\div$

이것은 1659년에 나온 란(J.H. Rahn)의 대수학 책에서 선보였다. 본래 이 기호는 비를 나타내는 ':'로부터 비롯되었다고 한다.

$a^2,\ a^3,\ \cdots$

지수를 이와 같이 나타내는 기호를 처음 쓰기 시작한 사람은 데카르트(R. Descartes, 1596~1650)라고 한다.

원주율 π

원주율을 π로 나타내는 것은 존스(W. Jones, 1675~1749)가 처음 생각해냈다고 한다.

오일러(L. Euler, 1707~1783), 베르누이(J. Bernoulli, 1667~1748), 르장드르(A.M. Legen-dre, 1752~1833) 등의 대수학자들이 계속 이 기호를 사용했기 때문에 원주율을 나타내는 기호로 인정받게 되었다.

$f(x)$

'함수'라는 낱말을 처음으로 수학에서 쓰기 시작한 사람은 라이프니츠(G. *Leibniz*, 1646~1716)였다. 그러나 함수에 $f(x)$라는 기호를 쓴 것은 오일러가 처음이었다고 한다.

미지수 x

데카르트가 미지의 양을 x, y, z 등으로 나타낸 것이 습관이 되었다.

쉽지만 까다로운 부등식
뒤집어질 수 없는 관계

부등식의 계산에서는 등식(=)의 경우와는 달리 자칫하면 실수하기가 쉽다. 가령,

$$x-1>3-x<2 \qquad \cdots\cdots \text{❶}$$

의 해를 구할 때, 이것을 두 개의 부등식

$$x-1<2 \qquad \cdots\cdots \text{❷}$$
$$3-x<2 \qquad \cdots\cdots \text{❸}$$

으로 나누어, ❷로부터 $x<3$, ❸으로부터 $1<x$, 따라서

$$1<x<3$$

이라고 잘못 답을 내는 경우가 많다.

이 잘못은 부등식을 등식과 같이 취급해 셈을 치른 데서 생긴다. 가령 등식 $a=b=c$에서라면, 두 개의 등식을

$$a=b, b=c \text{ 또는 } a=b, a=c \text{ 또는 } a=c, b=c$$

라고 하건 상관이 없다.

그러나 부등식 $a<b<c$를 두 개의 부등식으로 나눌 때는

$$a<b, b<c$$

라고 반드시 나타내야 한다.

왜냐하면 $a<c$, $b<c$로부터는 $a<b$가 나올 수 없으며, 또 $a<b$, $a<c$로부터 $b<c$가 나올 수 없기 때문이다. 그러므로 위의 문제는 반드시

$$x-1<3-x$$
$$3-x<2$$

와 같이 나누어서 풀어야 한다. 따라서

$$1<x<2$$

가 정답이다.

또 등식은 양변에 어떤 수를 곱해도 상관이 없지만, 부등식의 경우에는 그렇게 되지 않는다. 누구나 아는 사실이지만, 가령 $3>2$의 양변에 -2를 곱하면, $-6<-4$가 되어 방향이 뒤집어지고 만다는 특징이 부등식에는 있다. 이것은 부등식이 뒤진 것을 앞서게 하는 가능성, 좀 더 어렵게 표현하면 '가치의식'을 담고 있기 때문이다.

부등식 중에서도 산술평균, 기하평균, 조화평균의 부등식

(산술평균) (기하평균) (조화평균)

$$\frac{a+b}{2} \geq \sqrt{ab} \geq \frac{2}{\frac{1}{a}+\frac{1}{b}}$$ (등호는 $a=b$일 때 성립)

은 너무도 유명한 공식이다. 흔히 쓰이는 공식으로는

"삼각형의 두 변의 길이의 합은 나머지 한 변의 길이보다 길다."

가 있다. 이것을 변형하면

$$|a+b| \leq |a| + |b|$$

가 된다. 이 부등식은 '삼각부등식'이라고 불리며, 수학에서는 아주 중요한 공식이다.

다음 두 부등식은 유명한 '슈바르츠의 부등식'이다.

$$(a^2+b^2+c^2)(p^2+q^2+r^2) \geq (ap+bq+cr)^2 \quad \cdots\cdots \text{❶}$$

$$\left[\int_\alpha^\beta \{f(x)\}^2 dx \right] \left[\int_\alpha^\beta \{g(x)\}^2 dx \right] \quad \cdots\cdots \text{❷}$$

$$\geq \left[\int_\alpha^\beta f(x)g(x)dx \right]^2$$

이 부등식 ❶, ❷가 위의 삼각부등식과 본질적으로 같다는 것을 꿰뚫어볼 수 있는 사람이면 수학적 감각이 아주 뛰어난 사람이다.

5
수학이란 무엇인가

인류가 수라든지 도형을 생각해낸 것은 사물의 공통성
에 주목하는 한편 그렇지 않은 성질을 무시함으로써였
다. 즉, '추상'의 힘 때문이다.

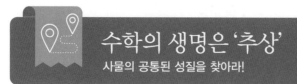

수학의 생명은 '추상'
사물의 공통된 성질을 찾아라!

인류가 수라든지 도형을 생각해낸 것은 사물의 공통성에 주목하는 한편 그렇지 않은 성질을 무시함으로써였다. 즉, '추상'의 힘 때문이다.

몇 개(무한히 많을 수도 있다)의 사물의 공통성에 주목하는 것을 '추상(抽象)한다'라고 하고, 공통이 아닌 성질을 무시하는 것을 '사상(捨象)한다'라고 한다. 여기서 추상의 '추(抽)'는 필요하지 않은 부분을 '버린다'라는 뜻이다.

수학은 추상적인 학문이라고 자주 일컬어진다. 실제로 수학은 추상을 생명으로 하는 학문이다. 다른 어떤 과학보다도 추상적인 과학이다. 그런데 막상 추상이란 무슨 뜻인가 하고 물으면, 알쏭달쏭한 것, 뜻이 애매한 것, 구체의 반대, 관념의 산물 등 그야말로 알쏭달쏭한 답이 돌아온다.

그러나 어쨌든, 추상이라는 낱말이 좋은 뜻으로 쓰이지 않고 있는 것만은 사실이다. 이 경우 삼단논법을 잘못 적용해서 아래와 같은 결론을 끌어내게 되면 큰일이다.

❶ 추상적인 것은 나쁘다.
❷ 수학은 추상적이다.
❸ 따라서 수학은 나쁘다.

"수학은 과학의 여왕이다"라는 말이 쓰이기 시작한 것은 꽤 오래되었지만, 요즘에는 이것이 너무도 당연한 상식으로 되어 있다. 물리학, 화학, 생물학 등의 자연과학은 물론 지리학, 경제학, 교육학, 심지어 정치학의 교과서에까지 수식이 들어가지 않은 것이 없다. 마치 수식이 쓰이지 않은 것은 학문으로서의 자격이 없다고나 하는 것처럼 말이다. 그런데, 이 수학의 본질이 추상이니만큼, 추상은 나쁜 것이 아니라 좋은 것, 그것도 아주 좋은 것이다.

추상의 효과

법칙은 "모두 …이다", "언제나 …이다"의 꼴로 나타내어진다. 여기서도 공통성이 전제가 되어 있으므로 법칙도 추상에 의해서 얻어진다고 할 수 있다. 이처럼 낱낱의 사실로부터 일반 법칙을 이끌어내는 것을 '귀납'이라고 한다.

개념이나 법칙 등을 이끌어내는 '추상'이라는 작용은 인간이 발견한 방법 중에서도 가장 훌륭한 것이다. 예를 들어 어미 젖을 먹고 자란다는 점에 주목함으로써, 얼핏 아무런 관계가 없는 것처럼 보이는 인간과 고래가 같은 포유동물임을 알 수 있는 것도 이 추상 작용의 덕분이다. 공산주의 이론을 내세운 마르크스(K. Marx, 1818~1883)의 명저 《자본론》의 첫 장을 장식하는 상품의 개념도,

"노동의 생산물이다."

"어떤 쓰임새(사용가치)가 있다."

"어떤 비율로 교환(교환가치)된다."

라는 공통의 성질에 주목하고 있다.

1, 2, 3, 4, …라는 수도 돌멩이나 사과, 염소 등의 수로부터 추상함으로써 얻어낸 것이다.

뉴턴(I. Newton, 1642~1727)이 "모든 물체는 낙하한다"라는 법칙을 달에 적용함으로써 달의 낙하가속도를 계산하여 '만유인력의 법칙'을 이끈 것도 추상 작용의 힘에 의한 것이다.

수는 고도의 개념
추상의 과정에서 수학의 개념을 만들다

수학과 추상은 떼려야 뗄 수 없는 관계에 있지만, 이 추상이라는 여과작용에 의해서 어떤 결과가 나타나는 것일까?

위로 곧게 솟은 나무, 쭉 뻗은 해안선, 밤하늘을 가르는 유성의 움직임 등에서 우리는, '한결같이, 한없이, 곧게 뻗은, 폭이 없는 선인 직선'을, 그리고 거울 같은 바다에서 '굽은 데가 없이, 한없이 펼쳐진, 두께가 없는 면인 평면'이라는 개념을 엮어냈다.

앞에서 이미 이야기했지만, 여기서 다시 '개념'이란 무엇인가에 대해서 기억을 돌이켜 보자. 즉, 사물의 공통의 성질을 뽑아내는 것을 '추상', 이러한 공통의 성질을 하나로 묶는 것을 '개괄', 그리고 이 개괄에 의해서 얻어지는 생각을 '개념'이라고 한다.

자를 대고 그은 선이 우리의 눈에는 폭이 없는 곧은 선으로 보이지만, 현미경으로는 폭이 있는 굽은 선으로 나타난다. 또 아무리 다듬어진 유리 표면일지라도 울퉁불퉁하다. 인공위성을 통해서 본 지구나 달의 표면처럼 말이다.

즉, 직선이라든지 평면이라는 개념은, '이상화(理想化)'라는 작용을 통해서 우리 머릿속에 만들어진 것이며, 실제로 존재하는 것은 아니다. 그러니까 직선이나 평면은 실제로 있는 팽팽한 실이나 유리의 표면 등을 이상적인 모습으로 고쳐 생각한 결과이다.

진·선·미 등의 추상명사는 말할 것도 없고, 사람, 개, 한국인 등의 보통명사로 나타낸 것들도 모두 이러한 여과작용을 거쳐서 만들어진 개념이다. 수도 물론 개념이지만, 이것들보다 한층 고도로 다듬어진 개념이라는 것은 이미 앞에서 이야기했다.

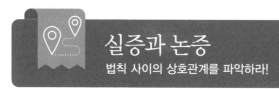

실증과 논증
법칙 사이의 상호관계를 파악하라!

　추상작용은 경험을 바탕으로 이루어지는 것이기 때문에, 이것만
으로는 경험한 적이 없는 법칙 같은 것을 만들어낼 수 없다. 아직 우
리가 경험한 일이 없는 세계로 우리를 이끌어 주는 가이드 역할을
하는 것이 '논리(論理)'이다.

　'피사의 사탑(斜塔)'으로 유명한 갈릴레이(G. Galilei, 1564~1642)의
실험은 물체가 낙하하는 속도는 그 무게에 비례한다는 아리스토텔
레스(Aristoteles, 기원전 382~322)의 주장을 뒤엎기 위해서, 실제로
무게가 다른 물체를 떨어뜨려 보고 그 사실을 증명하는 것이었다. 이
와 같이 실례를 들어 사실을 밝히는 것을 '실증(實證)'이라고 한다.

　그러나 위의 아리스토텔레스의 주장이 잘못된 것임을 밝히기 위
해서는 실증의 방법을 쓰지 않고 다음과 같이 할 수도 있다.

　"무게가 1인 물체가 1의 속도로, 무게가 10인 물체가 10의 속도로
낙하한다면, 이 둘을 묶어서 떨어뜨린 속도는 1과 10 사이의 것이
되어야 한다. 그런데 아리스토텔레스의 주장대로라면, 무게가 각각
10과 1인 물체를 묶으면 무게가 11이 되어, 따라서 속도는 11이 된

다. 이것은 모순이다."

이처럼 순전히 이론적인 증명을 '논증(論證)'이라고 한다. 수학에서 다루는 것은 이러한 논증이다. 논증을 위해서는 법칙 사이의 상호관계를 파악하는 일이 중요하다. 논증수학(論證數學)을 창시한 그리스인들은 법칙과 법칙 사이에 관계가 있다는 것을 일찍부터 알고 있었다.

예를 들어 피타고라스학파 사람들이 발견했던 삼각형의 내각의 합이 180°라는 기하학의 법칙도 논증에 의해서 이끌어낸 것이다.

이러한 법칙과 법칙 사이의 관계를 '논리(論理)'라고 말한다. 이 논리도 바깥세계의 현상을 인간의 머릿속에서 추출해낸 것이다. 이런 뜻에서 논리도 일종의 추상작용의 결과이다. 그러나 논리(또는 논증)는 '참이라고 가정된 전제로부터 항상 바른 결론을 이끄는 것'이기 때문에, 이 논리의 무기를 이용하면 실제로 경험하지 않고도 바른 결과에 도달할 수가 있다.

우리는 10진법의 원리를 바탕으로, 100, 1000, 10000, 100000, … 과 같이, 0을 더해감으로써 얼마든지 큰 수를 만들어낼 수 있다. 그런데, 이러한 수들은 실제로 몇 억, 몇 조, …나 되는 것들로부터 추상된 것은 아니고, 10진법의 원리를 바탕으로 순전히 논리에 의해서 얻은 결과이다.

덧셈에 관해서도, 2에 3을 더하면 5가 된다는 것은, 먼저 손가락 두 개를 꼽은 다음에 다른 손가락 하나씩을 계속해서 3번 꼽음으로써 실제로 확인할 수가 있다. 어린이가 수 셈하기를 배울 때에는 이러한 단계를 거치게 된다. $20+30=50$, $200+300=500$, 좀 더 끈기가 있는 어린이라면 2000+3000=5000도 이런 식으로 셈할 수가 있다. 그러나 0이 더 불어나면 대부분이 손을 들어버린다.

그렇다면 실제로 셈해 보지도 않고 200000+300000=500000이라는 것을 자신있게 말할 수 있는 것일까? 아니, 여기서도 분명히 셈은 치르고 있다. 다만 하나씩 더해서 500000을 얻은 것이 아니라는 점이 다를 뿐이다. 이 셈은 다음과 같이 치른 것이다.

200000은 10진법의 원리에 의해서 100000이 2개, 300000은 100000이 3개, 그러니까 100000을 한 단위로 보면, 결국 2단위+3단위=5단위라는 원리에 따라 500000이라는 답을 얻을 수 있다.

이와 같은 사실을 가리켜, 수는 집합과 단위로 이루어졌다. 라고 말하고 있다. 예를 들어, 수 10은 집합적으로 따지면 낱개 열개가 모여서 된 것이며, 단위로 따진다면 10단위 한 개가 된다.

법칙과 법칙 사이에는 관계가 있다고 했으나, 지금까지 이야기한 보기들은, 이를테면 끊긴 쇠사슬처럼 단편적인 것에 지나지 않는다. 그러나 이러한 단편들을 이어가면 하나의 정연한 체계가 이루어지고, 이 체계 속의 법칙들을 서로 관계지음으로써 차례로 새로운 법칙이 탄생하게 된다.

연역과 귀납
절대적 확실성 vs. 개연적 확실성

앞에서, '귀납'이란, 낱낱의 사실에서 일반적인 법칙을 이끌어내는 것을 말한다고 했다. 이에 대해서, 일반적인 법칙에서 낱낱의 사실에 대한 명제를 이끄는 것을 '연역(演繹)'이라고 부른다.

예를 들면 '모든 인간은 죽는다'라는 일반 법칙으로부터 어떤 특정한 사람(가령, 나·당신)은 죽는다라는 개별적 명제를 이끄는 것이 '연역'이고, 지금까지의 인류의 역사를 통해서 소크라테스도, 석가모니도, 공자도 죽었다는 사실로부터 '모든 인간은 죽는다'라는 일반 법칙을 이끄는 것은 '귀납'에 의한다.

이 보기에서 알 수 있는 것은, 연역과 귀납의 두 방법이 어떤 점에서 아주 뚜렷한 차이가 있다는 사실이다. 연역에 의해서 얻는 관계는 절대적으로 확실하지만, 귀납에 의한 것은 개연적(蓋然的)으로 확실(확실성의 정도가 높다)하다고 할 수 있을 뿐이다.

'모든 인간은 죽는다'로부터 '소크라테스는 죽는다'를 이끄는 과정은 절대적으로 확실하다. 그것은 '모든 인간은 죽는다'라는 전제 속에 이미 '소크라테스는 죽는다'가 포함되어 있기 때문이다. 알고 보면, 이것이 절대적으로 확실한 것은 너무도 당연하다.

그러나 동시에 다음 사실에 대해서도 유의해야 한다. 그것은 연역적 방법의 절대 확실성이 이의 전제가 되는 일반 법칙의 확실성과는 아무런 관계가 없다는 사실이다. 예를 들어 '모든 철학자는 미치광이다'는 분명히 옳지 않지만, 이 전제로부터 '어떤 철학자는 미치광이다'는 절대적 확실성을 가지고 이끌 수 있다.

연역이 가지고 있는 이러한 절대적 확실성이 가장 뚜렷이 나타난 분야가 바로 수학과 논리학이다. 수학이나 논리학의 명제(정리)가 절대적으로 옳은 것은 전제가 되는 일반 법칙(공리계)으로부터 완전히 연역적으로 이끌린 것이기 때문이다. 이 사실 때문에 이들 학문은 경험의 세계를 초월한 '알맹이 없는 지식'이기도 하다.

집합에서 다음과 같은 원소나열법으로 원소를 낱낱이 열거하는 경우 이것을 A의 '외연(外延)'이라고 한다.

$$A = \{1, 2, 3, 4, 6, 12\}$$

그리고 다음과 같은 조건제시법으로 원소의 공통적인 성질을 나타내는 경우 이것을 A의 '내포(內包)'라고 한다.

$$A = \{x \mid x 는 12의 약수\}$$

원래 '외연'이니 '내포'니 하는 말은 철학에서 쓰이는 용어이며, 예를 들어 모든 개에게 공통인 성질을 '개'라는 개념의 내포, 그리고 낱낱의 개 전체의 모임을 외연이라 하여 구별해서 쓴 것이다. 이것이 수학에서까지 쓰이게 된 이유는 '집합'에서는 이 개념들이 꼭 필요하기 때문이다. 예를 들어 직각삼각형의 개념을 살펴보자.

● 3개의 선분에 의해서 둘러싸여 있다.
❷ 평면도형이다.
❸ 한 각이 직각이다.

이것이 직각삼각형이 가지고 있는 공통의 성질이다. 이 공통의 성질이 직각삼각형이라는 개념의 내포이다.

이처럼 개념의 내포가 정해지면, 덩달아 어느 범위까지의 삼각형이 이 개념에 포함되는가, 그러니까 그 내포에 알맞은 삼각형의 집합이 정해진다. 이 집합이 곧 직각삼각형이라는 개념의 외연이다.

수학은 가장 이상적인 대화
그리스 수학의 시작은 심포지엄에서

한국 사람은 대화가 서투르다고 한다. 아니, 대화의 진정한 뜻조차 모른다고까지 혹평하는 사람도 있다. 우리는 보통 오순도순 정담을 나누는 것을 대화라고 한다. 그러나 서구인들이 말하는 '대화 (dialogue)'란, 어떤 주제를 놓고 서로 합의점에 도달하기 위해서 이치를 차근차근 따지며 의견을 나누는 것을 말한다.

이 대화의 분위기를 플라톤(Platon, 기원전 427~347)의 대화편의 하나인《향연(饗宴)》이 잘 전해주고 있다. '향연'은 그리스말로 '심포시온(symposion)'이라고 하는데, 오늘날의 '심포지엄(symposium, 토론(좌담)회)'은 여기서 비롯된다. 포도주로 입을 적시면서 진지한 토론으로 밤샘하는 것을 즐겼던 그리스인들은 그야말로 대화의 명수였다.

수학은 다른 어떤 주제보다도 감정을 자극하지 않고 이성적으로 다룰 수 있기 때문에 가장 이상적인 대화이다. 그래서인지, 플라톤의 대화편에서는 예외 없이 수학적인 내용이 화제에 오르고 있다.

이 책을 읽는 여러분은 아마 그렇지 않겠지만, 유치원부터 고등학

교까지 수학이 다른 어떤 과목보다도 많이 배우면서도 재미없다는 사람이 많다. 하기야, 칠판을 가득히 메운 맛도 멋도 없는 숫자나 기호를 그저 묵묵히 베껴 쓰는 학생들의 모습은 처량하기조차 하다.

그러나 본래 수학이라는 학문은 선생님 말씀이나 칠판에 적힌 글을 공책에 옮겨 쓰기만 하는 서당식 공부는 아니다.

학문에는, 주로 글로 다루는 기술적 학문(記述的 學問)과 대화 중심의 논쟁적 학문(대화적 학문)이 있는데, 수학은 후자에 속한다. 바쁜 세상이 되다 보니, 어쩌다 기술적 학문처럼 되어버렸지만, 어떤 권위로도 누를 수 없고 오직 대화적인 정신 속에서 모두가 납득하는 '합의'를 통해 이루어지는 학문, 이것이 수학이다.

선생과 학생이 격의 없이 의견을 나누어가면서 지식을 쌓아가는 그러한 교실의 분위기는 상상만 해도 마음이 흐뭇하다.

수학은 정의부터 시작한다
수학적 대화의 출발점, 정의

대화(논쟁)를 할 때 가장 중요한 것은 정의이다. 같은 말을 사용하면서도 서로 다른 대상을 놓고 이야기한다면, 대밭에서 장기 두는 꼴이 되어 소리만 높아질 뿐 이야기의 초점이 흐려져버린다.

예를 들어 한국 사람과 에스키모인이 곰에 대해 이야기할 때, 한쪽은 "곰은 검다"라고 하고 다른 쪽에서는 "곰은 희다"라고 하여 서로 우길 뿐 끝끝내 대립하다가 등을 돌리기 마련이다. 두 사람의 '곰'은 서로 다른 것이기 때문이다.

이것은 우스개 이야기는 결코 아니다. 우리 주변에서 흔히 볼 수 있는 논쟁 중에서 서로 다른 정의를 바탕으로 옥신각신하는 경우가 많다. 이런 경우에는 서로 엇갈린 대상을 명확히 하면 금방 해결된다. 위에서 말한 곰의 이야기에서는 곰이 바로 그 대상이 되는 셈이다.

말이 나온 김에 여기서 '정의'를 정의해두자.

정의란 개념의 내포를 명확히 하는 것이다.

개념이나 내포에 대해서는 이미 앞에서 정의하였기 때문에 여기서 다시 설명할 필요는 없을 것이다.

위의 '곰' 논쟁과 같이 일상적인 대화에서 일어나는 혼란이면, 애교로 보고 넘길 수도 있다. 그러나 수학에서는 그런 일이 생기면 문제가 심각하다.

수학에서 쓰이는 개념은 어디서나 통용되어야 하기 때문이다.

한국에서 성립하는 정리는 알래스카뿐만 아니라 달나라에서도 통용되어야 한다. 이 때문에 수학에서는 대화의 출발점인 정의를 엄격히 해둘 필요가 있다.

수학에 등장한 최초의 정의

힐베르트와 칸토어의 무정의 용어

진지한 대화(논쟁)일수록, 쓰이는 개념에 대해서는 엄격히 정의해 둘 필요가 있다는 것은, 동서양을 막론하고 일찍부터 알려져 있었다. 소크라테스는 대화를 시작할 때, 사용하는 용어(개념)를 반드시 정의하였다. 이 점에서는 공자를 비롯한 중국의 춘추 전국 시대의 논객(論客, 제자백가(諸子百家))들도 예외는 아니었다. 그러나 수학에서는 사정이 달랐다. 그리스의 수학에는 정의가 쓰였지만, 어찌된 까닭인지 동양의 수학에는 끝내 정의가 등장하지 않았다.

수학에서 처음으로 정의가 쓰인 것은 유클리드의 수학책《(기하학) 원론》에서였다. 그는 이 책의 첫머리에 23개의 정의를 내걸고 있다.

❶ 점은 부분이 없는 것이다.
❷ 선은 폭이 없는 길이이다.
❸ 선의 끝은 점이다.
❹ 직선이란, 그 위의 점에 대해서 한결같이 늘어선 선이다.
……

이 정의들을 보면 쉬운 것을 심술 사납게 괜히 까다롭게 나타내고 있다는 인상을 받지만, 무(無)에서 유(有)를 만들어내는 첫 작업이기 때문에 어쩔 수 없는 일이었다. 어쨌든 이 정의에 의해서 비로소 수학에서 다루는 대상이 명확해지고, 수학의 형식이 갖추어지게 되었다는 한 가지 일만으로도 유클리드는 수학의 역사에 길이 빛나는 존재이다.

그러나 이 정의에도 딱한 문제가 생길 수 있다. 아무것도 모르는 어린이나, 심술꾼이 가령 앞의 유클리드의 정의를 보고(또는 듣고), "폭이란 무엇이오?"라고 물어올 수도 있다. 이런 식으로 계속 캐묻는다면 한없는 노릇이다.

이럴 때, 어쩔 수 없이 어느 대목에서 정의를 중단해야 한다. 즉, 정의할 수 없는 용어(무정의 용어(無定義用語))를 사용하지 않을 수 없게 된다. 그럴 바에야 점, 선 등의 아주 기본적인 낱말을 무정의 용어로 쓰는 게 좋을 것이다. 실제로 힐베르트(D. Hilbert, 1862~1943)는 점, 선, 면 등을 무정의 용어로 하여 기하학의 체계를 세웠다(《기하학의 기초》).

또 칸토어(G. Cantor, 1845~1918)가 세운 《집합론(集合論)》이라는 학문에서 처음에 칸토어는 이 집합이라는 용어를 무정의인 것으로 하고 있다.

요컨대 누구나 납득하는 출발점을 정하기만 하면 되는 것이며, 무정의 용어는 이러한 구실을 한다. 엄격한 학문인 수학에도 이 정도의 타협은 어쩔 수 없다.

공리 위에 쌓은 지식
기하학적인 방법이 수학도 발전시킨다

한국인의 두뇌와 손재주는 매우 우수하고 한때는 한국의 과학 수준이 상당했다. 그런데 왜 우리가 서구보다 뒤졌을까를 생각해보자.

우리 민족의 자랑인 금속활자는 아마 세계에서 가장 오랜 역사를 지니고 있을 것이다. 유럽에서는 15세기 중엽에야 구텐베르크(J. Gutenberg, 1397~1468)가 처음으로 금속활자를 사용했으며, 이때부터 오늘날의 활자 문명의 막이 올라갔다.

금속활자로 인쇄된 최초의 책은 성서였다. 그보다 30년이 더 지난 1482년에 이탈리아의 베니스에서 유클리드의 《원론》이 활자화되었다. 이 《원론》은 이미 이야기한 바와 같이 지금으로부터 2,300년 전쯤 유클리드가 펴낸 기하학에 관한 책인데, 여러분이 알고 있는 기하의 내용은 대부분 이것을 토대로 하고 있다.

이 책은 기하학에 관한 465개의 정리를 모은 교과서에 불과하다. 그러나 이 책을 그토록 소중히 여기는 이유는 아무리 간단한 사실이라 할지라도 반드시 모든 사람이 납득할 수 있는 증명이 따라야 한다는 정신이 담겨 있기 때문이다. 가령 삼각형의 두 변의 길이의 합은 다른 한 변의 길이보다 길다는 사실은 기하학을 전혀 모르는 사람조차 체험으로 알고 있다.

누구나 알고 있는 이런 간단한 사실에도 반드시 증명이 필요하다는 것, 다시 말해서 모든 사람을 납득시킨다는 마음가짐이 바로 이 정신이다. 이것은 비단 학문에서 뿐만 아니라 일상 생활에서도 매우 중요하며 이 정신이 있기에 동양보다 늦게 발달한 서양이 동양을 앞지를 수 있었던 것이다.

유클리드가 이 책을 쓸 당시의 그리스는 자유로운 토론과 논쟁을 할 수 있는 사회였다. 여러 사람이 토론을 할 때에는 우선 공통의 원리가 마련되어 있어야만 그것을 바탕으로 의견을 주고받을 수 있으며 대화의 발전도 기대할 수 있다.

기하학의 연구에서 이 공통의 원리에 해당하는 것이 '공리'이다.

자연과학은 매우 간단하면서도 언제, 어디서나 통한다고 믿어지는 것, 이를테면 공중의 물건은 땅에 떨어진다는 중력의 원리나 지레의 원리 등을 근거 삼아 그 위에 높은 지식을 쌓아올리는 데 있다. 그것은 곧 유클리드 기하학의 정신이다.

우리는 서양보다 더 오래 전에 금속활자를 만들었으나 기하학 책을 인쇄하지는 않았다. 그 후 우리나라의 과학이 별로 발전하지 못한 것은 유클리드의《원론》과 같은 기하학, 그리고 이것을 떠받치는 기하학적 정신이 끝내 싹트지 않았기 때문이라고도 할 수 있지 않을까.

6
수학의 구조

수학의 본질은 낱낱의 물고기에 대해서가 아니라, 물
고기의 공통적인 골격을 들춰내는 일, 좀 어렵게 표현
한다면 숨은 '구조'를 밝혀내는 일이다.

수학으로 만든 설계도
수학은 숨어 있는 구조를 밝히는 작업

침팬지는 높은 곳에 있는 바나나를 끌어내리기 위해서 두 개의 막대를 이어붙여서 사용한다는 유명한 실험이 있다. 무엇이 유명한가 하면, 있는 막대를 그냥 사용하는 것이 아니라, 두 개를 가지고 새로이 막대를 만들어내는 이 동물의 창의력을 보여주는 것이기 때문이다. 원숭이는 불 가까이에서 제 몸을 녹일 줄 알지만, 이 불을 간직해서 나중에 다시 사용할 줄은 모른다고 한다. 그러나 이 실험은 원숭이도 훈련을 잘 시키면 그러한 능력을 충분히 발휘할 소질을 가지고 있음을 암시해준다.

침팬지가 막대 두 개를 이어붙이는 조작으로 높은 곳에 있는 바나나를 끌어내린다는 새로운 결과를 가능케 했던 것처럼, 수학에도 여러 가지의 조작(연산)이 있다. 3을 더한다, 1을 뺀다, 방향을 바꾼다, 미분(微分)한다, 적분(積分)한다는 것들은 모두 수학에서 쓰이는 조작이다. 3을 더한 다음에 2를 더하는 조작은 2를 더한 다음에 3을 더하는 조작과 결과적으로 같고, 3을 더한 다음에 2를 곱하는 조작은 3을 곱한 다음에 2를 더하는 조작과 결과가 달리 나온다.

아침에 일어나면, 세수를 하고 수건으로 얼굴을 닦는다. 만일 수건으로 먼저 얼굴을 닦고 나서 세수를 한다면 엉뚱한 결과가 생긴다. 이처럼 조작이라는 것은 순서를 바꿀 수 없는 경우가 보통이다.

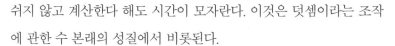

그런데 수의 세계에서의 조작은 우리가 일상 생활 속에서 경험하는 조작과는 다른 부분이 있다. 2＋3과 3＋2가 같다는 사실은 경험을 통해서 확인된 것이 아니다. 모든 수에 대해서 이 사실을 확인하기 위해서는 일생동안 한시도 쉬지 않고 계산한다 해도 시간이 모자란다. 이것은 덧셈이라는 조작에 관한 수 본래의 성질에서 비롯된다.

수학이 연구하는 대상은 구체적인 사물에 관해서가 아니라, 이를테면 이런 것들을 담는 상자의 '설계도'이다. 수학의 본질은 낱낱의 물고기에 대해서가 아니라, 물고기의 공통적인 골격을 들춰내는 일, 좀 어렵게 표현한다면 숨은 '구조'를 밝혀내는 일이다. 그러니까 물리학, 화학, 생물학 등의 자연과학은 물론, 경제학, 경영학, 회계학, 사회학 등 어떤 분야에서도 '구조'를 찾아낼 수만 있다면 수학이 가능한 것이다.

수학이 엮어내는 '설계도'는 이러한 '구조'라는 상자이며, 이 상자가 나무로 된 것인지 유리나 쇠붙이로 된 것인지는 문제시되지 않는다. 이제부터 이야기하는 것은 이러한 구조 중에서도 가감승제 등의 연산을 통한 구조의 하나인 '군(群)'의 구조에 관해서이다.

군이란 무엇인가?
군의 수학적 의미와 연산법칙

　보통 '군(群)'이라고 하면 무리, 즉 공통적인 것(또는 사람)들의 모임을 가리킨다. 그러나 수학에서는 이 낱말을 더 한정된 뜻으로 사용한다. 이 군의 수학적 의미부터 알아보기로 하자.

　군은 아래와 같은 조건을 갖춘 집합을 말하는데 이 집합의 내용은 비단 수뿐만 아니라, 사람의 집합, 닭의 집합 등 그 밖에 생각할 수 있는 모든 집합에 공통적으로 적용된다.

　첫째, 군의 원소(군을 이루는 낱낱의 대상)의 개수는 유한이건 무한이건 상관이 없다.

　둘째, 임의의 두 원소 사이에 연산이 정해져 있고, 이 연산의 결과 역시 이 군의 원소로 나타나야 한다. 예를 들어 병아리의 무리 속에 '미운 오리새끼'가 끼어 있으면 군이라고 할 수 없다.

　다음 표는 7＝0으로 정한 유한대수(有限代數)의 곱셈표이며 원소는 1, 2, 3, 4, 5, 6이다.

　표를 보면 알 수 있는 것처럼 이 유한대수에서는 원소의 개수가 6개로 유한개이며, 연산으로서는 곱셈이 주어져 있다.

그리고 이들 원소 사이의 연산(곱셈)의 결과는 역시 6개의 원소 중의 하나로 나타난다.

셋째, 이 표에서는 연산이 항상 $a \times b = b \times a$로 되어 있다. 그러나 이것은 군이 되기 위한 일반적인 조건은 아니다. 군이 되기 위해서는 반드시 연산에 관해서 '교환법칙'(예를 들어 $2 \times 3 = 3 \times 2$)이 성립해야 하는 것은 아니다. 그러나 다음 조건은 반드시 성립해야 한다.

$$2 \times (3 \times 4) = (2 \times 3) \times 4$$

위의 식을 기호를 써서 일반적으로 나타내면 다음과 같다.

$$a \cdot (b \cdot c) = (a \cdot b) \cdot c$$

이 연산관계를 '결합법칙'이라고 한다.

넷째, 위의 곱셈표에서 1은 어떤 원소에 대해서도 영향을 미치지 않는다. 즉, 1 자신을 포함해서 2, 3, 4, 5, 6의 어떤 원소에 1을 곱해도 결과는 변하지 않고 마찬가지이다. 이처럼 어떤 원소와의 연산에서도 항상 그 결과가 변하지 않고 같은 원소가 나타나게 하는 것이 있다. 이 특수한 원소를 '단위원(單位元, 항등원)'이라고 부른다.

만일 군의 연산이 곱셈이 아니고 덧셈이면 항등원은 0이 된다.

다섯째, 다시 앞의 곱셈표를 살펴보면, 다음과 같은 사실이 눈에 띈다. 즉, 어느 행에도 항등원 1이 나타나 있다는 것이다. 이것은 어떤 원소에 대해서도 그것을 곱하면 1이 되는 원소가 있다는 것을 뜻한다. 즉,

$$1 \times 1 = 1, \ 2 \times 4 = 1, \ 3 \times 5 = 1$$
$$4 \times 2 = 1, \ 5 \times 3 = 1, \ 6 \times 6 = 1$$

이때 작용을 가하는 쪽의 원소(곱셈에서는 승수)를 '역원(逆元)'이라고 한다. 앞의 곱셈표에서 2의 역원은 4, 3의 역원은 5이다. 역으로 4의 역원은 2, 5의 역원은 3이다.

일반적으로 군의 어떤 원소에도 역원이 존재한다. 역원이 있기 때문에 군의 원소 사이에서는 연산을 간단히 치를 수 있다. 예를 들어 2 나누기 5는 2 곱하기 5의 역원 즉,

$$2 \div 5 = 2/5 = 2 \times (1/5) = 2 \times 3 = 6$$

여기서는 0에 대해서 특별히 신경쓸 필요는 없다. 0은 이 곱셈표의 원소 중에 들어 있지 않기 때문이다.

이를 형식화시켜서 요약한다면, 어떤 집합 G의 원소 사이에 연산이 정해져 있어서 다음 조건을 만족할 때, 이 집합 G는 주어진 연산에 관해서 군을 이룬다고 말한다. 여기서 말하는 연산은 비단 수 사이의 연산뿐만 아니라, 두 원소를 결합시켜서 하나의 원소를 만들어

내는 조작이면 무엇이든 상관이 없다. 그런 뜻에서 연산기호를 '※'
로 나타내기로 한다.

❶ G의 임의의 원소 a, b에 대해서
$a※b$는 역시 G의 원소이다. (연산에 관해서 닫혀 있다)

❷ G의 원소 a, b, c 사이에는 항상
$(a※b)※c = a※(b※c)$ (결합법칙)
가 성립한다.

❸ G의 임의의 원소 a에 대해서
$a※e = e※a = a$ (항등원의 존재)
의 관계를 만족하는 원소 e가 존재한다.

❹ G의 임의의 원소 a에 대해서
$a※a^{-1} = a^{-1}※a = e$ (항등원) (역원의 존재)
의 관계를 만족하는 원소 a^{-1}이 존재한다.

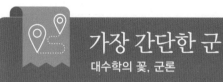

군(群)의 개념이 처음으로 세상에 알려지게 된 것은 1830년에 쓰인 갈루아(E. Galois, 1811~1832)의 논문부터였다고 한다. 이 논문이 그의 목숨을 빼앗은 결투가 있기 전날 밤에 작성되었다는 것은 너무도 극적인 이야기이다.

군의 구조에 관한 이론인 군론(群論)은 현대의 '대수학의 꽃'이라고 불리는 분야이지만, 수학의 전문가 이외에는 별로 가까이 하지 않는다. 그 이유는 군의 정의가 복잡해서가 아니라, 거꾸로 너무도 단순하기 때문이다. 단순한 것을 이해 못할 턱이 없다. 이해하기 힘들다는 것은 앞에서 이야기한 바와 같은 추상적인 군의 개념이 구체적으로 가슴에 와닿지 않기 때문이다. 우리가 일반적으로 생각하는 군의 세계에서 $1+1=2$이다. 이 사실을 부정할 사람을 없을 것이다.

그러나 가장 간단한 군의 세계에서는 유감스럽게도 $1+1=0$이다. 이 군은 0과 1의 두 원소로만 되어 있어서 그 연산법칙은 다음과 같다.

$$0+0=0, \ 1+0=0+1=1, \ 1+1=0$$

이 연산에 관해서 집합 {0, 1}이 군을 이룬다는 것을 금방 알 수 있다. 이러한 군은 우리 주변에는 흔해빠질 정도로 많이 있다.

예를 들어 스위치가 버튼식으로 되어 있는 텔레비전을 생각해보자. 이 텔레비전의 스위치를 누르는 것을 '1'이라고 한다면, 다시 스위치를 누르면 꺼져서 아무것도 하지 않은 상태가 되기 때문에, 이 동작은 '0'에 해당한다. 또한 두 개의 물건을 교환하는 일을 '1'이라고 하면, 이 동작을 두 번 되풀이했을 때는 원래의 상태(교환 이전의 상태)가 되기 때문에 두 번째의 교환은 '0'에 해당한다.

군의 구조를 가진 집합
수, 도형, 띠무늬에 나타난 군

실수 집합과 덧셈, 곱셈

정수의 집합은 덧셈에 관해서 군의 구조를 가지고 있다. 왜냐하면 덧셈에 대해 닫혀 있으며, 결합성이 성립하고, 항등원과 역원이 존재하기 때문이다.

❶ 임의의 두 정수 a, b에 대해서
　항상 $a+b$는 정수　　　　　　　　　　　　　　　　（덧셈에 관해서 닫혔음）

❷ 임의의 세 정수 a, b, c에 대해서
　$(a+b)+c=a+(b+c)$　　　　　　　　　　　　　　　（결합법칙 성립）

❸ 임의의 정수 a에 대해서
　$a+0=0+a=a$　　　　　　　　　　　　　　　　　（항등원의 존재）
　의 관계를 만족하는 정수 0이 있다.

❹ 임의의 정수 a에 대해서
　다음 관계를 만족하는 정수 $-a$가 존재한다.
　$a+(-a)=(-a)+a=0$(항등원)　　　　　　　　　　（역원의 존재）

즉, 정수의 집합은 덧셈에 관해서 군의 구조를 지닌다. 이때 항등원 e는 0('0원'이라고 한다), 그리고 임의의 정수 a에 대한 역원 a^{-1}은 a의 부호를 바꾼 $-a$이다. 또한 임의의 두 정수의 합인 $a+b$는 언제나 $b+a$와 같다. 즉, 교환법칙이 성립한다. 교환법칙이 성립하는 군을 특히 가환군(可換群)이라고 부른다. 그러니까 정수의 집합은 덧셈에 관해서 가환군의 구조를 가진다.

곱셈에 관해서는 0을 제외한 유리수의 집합은 군을 이룬다.

❶ 임의의 두 유리수 a, b에 대해서
　 항상 $a \times b$는 유리수.　　　　　　　　　　(곱셈에 관해서 닫혔음)

❷ 임의의 세 유리수 a, b, c에 대해서
　 $(a \times b) \times c = a \times (b \times c)$　　　　　　(결합법칙 성립)

❸ 임의의 유리수 a에 대해서
　 다음 관계를 만족하는 유리수 1이 존재한다.
　 $a \times 1 = 1 \times a = a$　　　　　　　　　(항등원의 존재)

❹ 임의의 유리수 a에 대해서
　 다음 관계를 만족하는 유리수 $\frac{1}{a}$가 존재한다.
　 $a \times (\frac{1}{a}) = (\frac{1}{a}) \times a = 1$(항등원)　　　(역원의 존재)

이때 항등원 e는 1이고 역원 a^{-1}은 a의 역수 $\frac{1}{a}$이다. 임의의 두 유리수 a, b의 곱 $a \times b$는 $b \times a$와 같으므로, 유리수의 집합은 곱셈에 관해서 가환군의 구조를 가진다.

수의 범위를 더 넓혀서 생각하면, 유리수와 무리수를 포함한 실수의 집합은 덧셈, 곱셈(0을 제외한)에 관해서 각각 가환군이 된다.

정삼각형의 회전과 군

정삼각형 ABC를 그림과 같이 $120°, 240°, 360°$씩 회전시켰을 때의 상태에 관해서 생각하면, 이 중 $360°$는 $360°=0°$, 그러니까 움직이지 않은 상태와 똑같다. 지금 이 3개의 회전을 각각 a, b, c로 나타내면 다음과 같다.

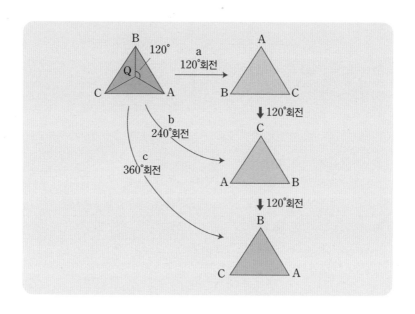

a : Q를 중심으로 시계바늘의 반대 방향으로 $120°$ 회전

b : Q를 중심으로 시계바늘의 반대 방향으로 $240°$ 회전

c : Q를 중심으로 시계바늘의 반대 방향으로 $360°(0°)$ 회전

여기서 이들 회전을 원소로 하는 집합 $\{a, b, c\}$를 생각하여, 이들 원소 사이의 연산 '※'을 다음과 같이 정한다.

$a※b$: a 다음에 b를 실시한다.

그러니까 $120°$ 회전시킨 다음에 계속해서 $240°$, 즉 $360°$ 회전시키는 것을 뜻한다. 따라서

$$c*a=a, \ c*b=b, \ a*b=c,$$
$$a*c=a, \ b*c=b, \ b*a=c,$$
$$c*c=c, \ a*a=b, \ b*b=a$$

의 관계가 성립하므로, 다음과 같은 연산표를 만들 수가 있다.

※	a	b	c
a	b	c	a
b	c	a	b
c	a	b	c

따라서 회전의 집합 $\{a, b, c\}$는 위에서와 같이 정한 연산 ※에 관해서 가환군의 구조를 갖는다. 이때의 항등원은 $0°$ 회전인 c이며 a, b, c의 역원은 각각 b, a, c이다.

또 다음과 같이 정삼각형을 선대칭이동하는 경우를 생각해보자.

$$d : 직선 \ l에 \ 관해서 \ 선대칭이동$$
$$e : 직선 \ m에 \ 관해서 \ 선대칭이동$$
$$f : 직선 \ n에 \ 관해서 \ 선대칭이동$$

그러면 아까의 a, b, c와 선대칭이동 d, e, f로 된 집합 $\{a, b, c, d, e, f\}$는 다음 연산표를 보면 알 수 있는 바와 같이 군의 구조를 갖는다. 이때의 연산 '※'은 앞에서와 마찬가지의 뜻으로 쓰인다. 예를 들어 $a*e$는 a(즉, 정삼각형 ABC를 Q를 중심으로 시계바늘의 반대 방향

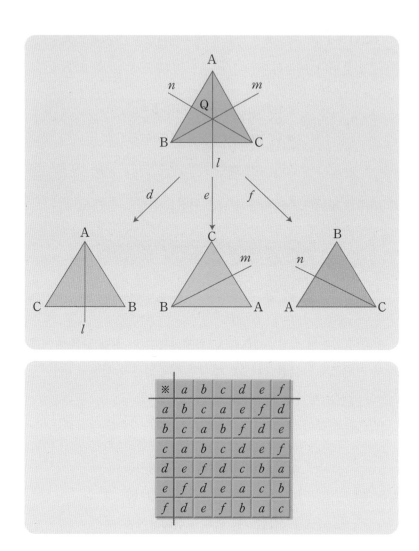

※	a	b	c	d	e	f
a	b	c	a	e	f	d
b	c	a	b	f	d	e
c	a	b	c	d	e	f
d	e	f	d	c	b	a
e	f	d	e	a	c	b
f	d	e	f	b	a	c

으로 $120°$ 회전한 것)를 작용시킨 다음에 e(직선 m에 관해서 대칭이동)를 작용시키는 것을 말한다.

　이 군의 항등원은 c(Q를 중심으로 $360°(=0°)$회전)이고 $a, b, c, d,$ e, f의 각 원소에 대한 역원은 각각 b, a, c, d, e, f이다.

그런데 이 군은 가환군이 아니다. 왜냐하면,

$$e \divideontimes d = a, d \divideontimes e = b$$

가 되어, e와 d의 위치를 바꾸면 연산의 결과가 달라지기 때문이다.

띠무늬에 나타나는 군의 구조

요즘은 디자인이 아주 중요시되지만, 그것들을 자세히 살펴보면 단순한 무늬를 이리저리 결합시키는 데 지나지 않는(?) 경우가 흔히 있다. 그렇다면 단순한 무늬를 어떻게 결합시키면 디자인의 효과를 낼 수 있을까? 사실은 같은 무늬을 이동시키면 된다. 물론 이동시킨 다고 해도 평행이동, 회전이동, 대칭이동 등 여러 가지가 있다.

이러한 이동의 결과 만들어지는 무늬를 '띠무늬'라고 우선 불러두 자. 그런데 이 띠무늬를 엮어내는 이동도 전체적으로 볼 때, 군의 구

무늬의 이동

조를 이룬다는 것을 알 수 있다.

가령, 다음과 같은 네 가지 이동을 생각해보자.

H : 수평축에 관한 대칭이동

V : 수직축에 관한 대칭이동

R : 점대칭이동

P : 평행이동

이들 이동 사이의 연산도 앞에서와 같은 뜻으로 생각한다. 예를 들어 $V \ast H$는 수직축에 관한 대칭이동을 한 다음에 수평축에 관한 대칭이동을 하는 것, 그러니까 이 연산의 결과는 점대칭이 된다. 즉,

$$V \ast H = R$$

의 관계가 성립한다.

이들 연산의 집합 $\{H, V, R, P\}$가 이 연산에 관해서 군의 구조를 갖는다는 것은 다음 연산표를 보면 금방 알 수 있다.

※	H	V	R	P
H	P	R	V	H
V	R	P	H	V
R	V	H	P	R
P	H	V	R	P

원상태 그대로 있는 것도 일종의 평행이동이다!

여기서 항등원은 P(정지 상태를 포함한 평행이동)이고 H, V, R, P의 역원은 각각 H, V, R, P이다.

어떤 수학자는 수학을 '함수관계를 다루는 학문'이라고 규정짓고 있지만 이것이 설령 약간 과장된 표현이라 할지라도, 현대 수학의 밑바닥에는 '함수', 또는 '사상(寫像)'의 생각이 깔려 있는 것만은 틀림없는 사실이다. 그만큼 함수 또는 사상은 수학에서는 중요한 개념이며, 여러 가지 대상을 분류하거나 대응시킬 때에는 이 생각(개념)이 반드시 쓰인다.

엄격히 따지면 함수는 실수의 집합 또는 이 집합의 일부를 실수의 집합과 대응시키는 어떤 관계를 뜻하지만, 사상은 반드시 실수 집합이 아니어도 된다. 이런 뜻에서 사상이 함수보다도 일반적인 개념이라 할 수 있으나, 둘을 같은 의미로 사용해도 별 상관이 없다. 여기서도 번거로움을 피하기 위해서 함수라는 말로 이 두 개념을 함께 나타내기로 한다.

함수의 예로 가장 낯익은 것은 길거리, 역, 직장, 학교 등에서 흔히 이용되는 자동판매기일 것이다. 이 자동판매기가 함수라는 것은, 일정한 단추를 누르면 일정한 물건이 나오도록 되어 있는 구조를 가리

켜서 한 말이다.

y가 변수 x의 함수라는 것을

$$f(x)=y$$

로 나타낸다는 것은 학교에서 배워 다 아는 상식이지만, 마찬가지로 자동판매기의 단추를 임의로(이것을 가령 a라고 하자) 누르면 반드시 어떤 물건(A)이 나오므로, 이 관계를

$$f(a)=\mathrm{A}$$

와 같이 나타낼 수 있다.

요컨대 자동판매기의 구조는 하나의 단추가 하나의 물건에 대응

하도록 꾸며져 있으며, 이때 그 안에 넣는 동전은 함수를 작동시키는 윤활유 구실을 한다. 단추 하나를 눌렀는데 물건이 두 개 나오는 고장난 자동판매기의 구조는 이미 함수 구실을 상실한 것이다.

단추 하나가 두 가지 이상의 것에 대응하는 일은 절대로 용납이 되지 않지만, 역으로 a, b의 두 단추가 모두 A에 대응하는 경우는 함수라고 부를 수 있다. 대형의 자동판매기는 보통 똑같은 음료수가 나오는 단추가 두 개 이상 있다. 즉, 다음의 경우도 가능하다.

$$f(a) = A \text{이고}, f(b) = A$$

2차함수(변수 x의 가장 높은 차수가 2이기 때문에 이렇게 불린다)

$$f(x) = x^2$$

에서는 예를 들어 $f(2) = 2^2 = 4$, $f(-2) = (-2)^2 = 4$와 같이 2, -2의 두 개가 4 하나에 대응하고 있다.

자동판매기의 단추를 잘못 눌러서 마음에 없는 물건이 나올 경우에는 번거롭지만 가게 주인에게 이야기하고 돈을 되돌려 받는다. 이 역의 조작을 수학에서는 '역함수'(또는 '역사상')라고 한다.

그러나 환불을 해주지 않는 주인을 만났을 때처럼, 수학에서도 역함수가 성립하지 않는 경우가 있다는 것을 명심해둘 필요가 있다. 위의 $f(x) = x^2$은 이 상태대로는 역함수를 갖지 않는다. 왜냐하면 x^2이 4일 때, x는 2와 -2가 되어, 하나에 둘이 대응하므로 함수가 아니기 때문이다. 그러나 처음에 $x \geqq 0$이라는 조건을 덧붙여 두면

$$g(y)=\sqrt{x}$$

가 역함수로 된다.

언제나 환불이 가능한 자동판매기처럼 역함수를 갖는 것을 일대일대응, 또는 어려운 표현을 쓰면 '전단사함수(全單射函數)'라고 부른다. 1차함수 $y=ax+b(a\neq0)$는 그래프를 그려보면 쉽게 알 수 있듯이 언제나 역함수가 성립하므로 일대일대응(전단사함수)이다.

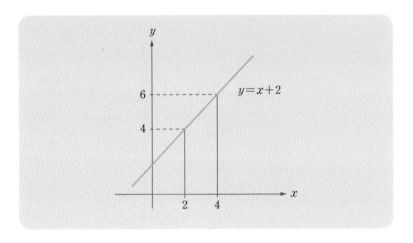

함수의 쓰임새는 우리가 알고자 하는 미지의 대상을 우리가 이미 알고 있는 것에 대응을 시켜 그 대응관계(함수)를 통해 간접적으로 이 미지의 대상을 연구하는 데 있다.

앞에서 '군'의 구조를 생각해 보았는데 수학적인 구조에는 '군' 말고도 순서 구조, 위상 구조라고 불리는 것이 있다.

함수는 눈으로 볼 수 없는 추상 공간의 군의 구조, 순서 구조, 위상 구조 등을 밝히는 데 강력한 수단이 되어준다.

컴퓨터와 수학적 사고력
인간의 창의력은 수학에서 시작된다

어떤 일을 기억하고 처리하는 데 컴퓨터가 뛰어난 능력을 지니고 있다는 것은 이미 알려진 사실이다.

지금은 컴퓨터가 가계부를 적는 일에서부터 구멍가게의 하루 매상에도 빼놓을 수 없는 필수품이 되었을 뿐만 아니라, 쇼핑을 할 때도 컴퓨터를 이용해서 자기 방에 가만히 앉은 채로 물건을 고르고 계산까지 마칠 수 있는 세상이다.

굳이 일일이 신경쓰지 않아도 컴퓨터를 통해서 정리와 계산이 이루어진다.

이 때문에 "이런 만능의 컴퓨터가 있는데, 왜 머리를 쓰지?" 하는 말까지 나오고 있는 실정이다.

이렇게 문명의 이기를 활용하는 것이 나쁘다는 이야기는 아니다.

자동차, 기차, 비행기 등 아무리 교통수단이 발달해도 걸어야 하는 구간이 있으며, 이렇게 걷는 것을 통해 또한 건강을 유지할 수 있다.

마찬가지로 컴퓨터가 아무리 발달해도 인간의 두뇌를 대신할 수는 없으며, 인간의 의도에 따라 만들어진 컴퓨터는 인간의 의지가 발동하여 어떤 목적에 맞는 프로그램이 입력되어야만 제구실을 한다. 즉 인간의 창의적 사고력이 없다면 컴퓨터는 소용없는 물건이다.

인간의 운동능력의 기본이 걷는 데 있는 것처럼 인간의 정신능력의 기본은 사고력에서 나오며 그것을 기르는 일을 수학이 한다.

수학이라고 하면 흔히 계산의 훈련 정도로 생각하는 사람이 많은데 그렇지 않다.

답만 요구하는 것이라면 굳이 수학적 사고력이 필요없다. 가령 수학에서 덧셈, 뺄셈은 계산기만 두드려 보면 금방 화면에 답이 나온다. 하지만 수학의 문제를 풀 때는 계산의 답만을 요구하는 '훈련'보다도 '이해' 그리고 그 이해를 일상화하는 일이 의미가 있는 것이다.

컴퓨터는 분명 고마운 문명의 이기이지만 그것을 제대로 사용할 수 있어야만 빛을 발한다. 요즘의 사회를 정보화 사회라고 한다. 컴퓨터를 통해서 필요한 정보를 수시로 단숨에 입수할 수 있는 세상이라고 해서 붙여진 말이다. 이런 사회에서 살기 위해서는 무엇보다도 컴퓨터가 할 수 없는 새로운 것을 만들어내는 창의력을 발휘하는 일이 필요하다.

7
증명이란 무엇인가

다툴 여지없이 명백하다는 인정을 받는 결론이야말로
수학의 결론인 것이다.

수학적 사고력 키우기
수학에는 속임수가 통하지 않는다

옛날 중국에 처세술이 능하기로 이름난 정치가가 있었다. 그가 늘 원수처럼 적대시하던 정치 파벌이 세력을 얻게 되자 그는 하루아침에 종전의 강경하던 태도를 뒤집고 반대당에 접근했다.

그리고는 옛 동지들이 그를 나무라자,

"적을 베어 없애기 위해서는 가까이 다가서지 않으면 칼끝이 닿지 않는다."

라고 태연히 대꾸하는 것이었다. 이 파벌이 무력해지기 시작하자

"당(=탑)의 높이는 멀리 떨어져 있지 않으면 모른다."

라면서 서슴없이 등을 돌리고 말았다.

이 말을 듣고 사람들은 과연 처세에 능한 사람이라고 감탄하였다는 이야기이다.

이것은 세상일이란 해석하기에 달렸음을 빗대어 하는 말인데, 수학 공부에는 이러한 '똑똑한 머리'는 오히려 해가 된다. '이렇게 해도 통하고 저렇게 해도 통하는' 따위의 주장은 수학에서는 성립하지 않는다.

하기야 '이렇게도 말할 수 있고, 저렇게도 말할 수 있는' 것이 인간이 지닌 생각이며, 얼핏 세상일에 관한 확고부동한 진리로 받아들여질 만한 주장일지라도 입장을 바꾸어보면 엉뚱한 편견으로 간주될 수도 있을 것이다. 아무리 훌륭한 사람이 내세운 이론일지라도 때와 장소 또는 대상이 달라지면 뚱딴지 같은 말장난이라는 공격을 받을 수도 있다. 아테네의 젊은이들을 타락시키는 해로운 허풍을 유포한다는 죄로 사형을 당했던 소크라테스의 경우가 그렇고, 문화운동 때의 중국 사회에서 추방 운동이 한창이었던 공자의 경우도 그 예외가 아니다.

이 점이 수학과 다른 학문 분야가 크게 다른 점이다. 극단적으로 말한다면 수학에서는 "흰 말은 검다"라는 주장일지라도 이것이 이치에 어긋나지 않는 방법으로 얻어진 명제(주장)인 이상 '참'인 것으로 인정받는다. 아무리 이름 없는 사람이 내세운 이론일지라도 이치를 따져 잘못된 점을 지적하지 못한다면 이것에 따를 수밖에 없는 것이 수학이다.

1에 1을 더하면 2가 되는 것처럼 수학의 지식은 다툴 여지없이 명백하다는 말을 흔히 듣지만, 이것은 극히 당연하다고 할 수 있다. 우리는 수학 문제를 풀고 수학적인 생각을 배워 나가면서, 이러한 속임수가 통할 수 없는 태도를 길러야 한다.

다툴 여지없이 명백하다는 인정을 받는 결론이야말로 수학의 결론인 것이다.

몇 가지 보기를 들어 이것을 설명해보자.

다음의 주장이 옳지 않다는 것을 수학적으로 따져 보자.

① 나는 인간이다.

② 소크라테스는 인간이다.

③ 따라서 나는 소크라테스이다.

집합기호를 써서 위의 ①, ②, ③을 나타내면

① 나∈{인간}

② 소크라테스∈{인간}

③ 나＝소크라테스

그러나 인간은 하나의 집합이지만 나와 소크라테스는 그 원소이며, 따라서 같은 집합의 원소는 서로 같다고 할 수는 없다. 요컨대 위의 주장은 옳지 않다. 이것은 위의 그림을 보면 쉽게 알 수 있다. 어떤가? 도저히 반박의 여지가 없지 않은가?

보기 2

다음 명제는 옳다고 말할 수 있는지 알아보자.

"A대학에 합격한 사람은 모두 B라는 참고서로 공부했다. 따라서 참고서 B를 공부하면 A대학에 합격할 수 있다."

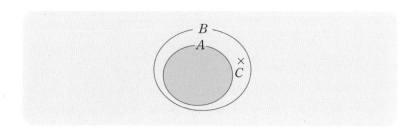

A대학에 합격한 사람의 집합과 B라는 참고서를 공부한 사람의 집합 사이에는 위와 같은 관계가 있다. $A \subset B$, 곧 A는 B에 포함되지만, 역은 성립하지 않는다. 위 그림에서 알 수 있듯이 B를 읽었어도 A대학에 들어가지 못한 사람(C)이 있을 수 있다. 따라서 이 주장은 옳지 않다. 실제로는 이런 생각이 옳은 판단인 양 통하고 있다.

이를테면, "수학을 잘하는 사람은 머리가 좋다"⇒"머리가 좋은 사람은 수학을 잘한다?" 등.

아직도 풀지 못한 문제들
풀 수 있는 문제, 풀 수 없는 문제

"세 사람의 백인 탐험대가 토인 세 사람을 거느리고 강을 건너려고 한다. 그런데 보트는 한 척뿐이고, 게다가 2인승이다. 물론 혼자서 타도 된다. 곤란한 것은 어느 쪽 기슭에서건 백인의 수가 토인의 수보다 적어지면 백인들은 이들 식인 토인에게 먹히고 만다. 자, 어떻게 하면 탐험대는 무사히 강을 건널 수 있겠는가?"

이러한 문제는 이미 초등학교 때, 재미있는 수수께끼 놀이로 풀어본 사람도 있을 것이다. 처음 이 문제를 본 사람일지라도 모든 경우를 일일이 따져 가면 반드시 풀 수 있다.

가령 몇 번의 시행착오 끝에 다음과 같이 풀 수도 있다. 여러분의 해답은 어떤 것이었는지?

첫째 단계

○ ○ ○
● ● ┄┄┄┄┄┄(●) ●

> ○ 백인 ● 흑인

흑2, 흑1
흑인 두 사람이 가고, 흑인 한 사람이 돌아온다.

둘째 단계

흑2, 흑1
흑인 두 사람이 가고, 흑인 한 사람이 돌아온다.

셋째 단계

백2, 흑1, 백1
백인 두 사람이 가고 흑인, 백인 각 한 사람씩 돌아온다.

넷째 단계

백2, 흑1
백인 두 사람이 가고, 흑인 한 사람이 돌아온다.

다섯째 단계

흑2, 흑1
흑인 두 사람이 가고, 흑인 한 사람이 돌아온다.

여섯째 단계

흑2
흑인 두 사람이 간다.

이번에는 이 문제에, '갈 때는 두 사람, 올 때는 한 사람'이라는 조건을 달면 어떨까. 5분, 10분, 20분, …그것도 모자라서 1시간, 2시간, …이렇게 시간을 투자해서 시도해보다가 도중에 하차해버리는 사람들이 많이 생긴다.

그러나 사실은 '건널 수 없다'는 것이 정답이다. 이 말을 듣고 공연히 몇 시간씩이나 헛고생을 했다며 투덜댈 것이 틀림없다.

여러분이 교과서 속에서 다루는 문제는 아무리 어렵다고 해도 반드시 풀 수 있는 것들이다. 그러나 세상에는 아직 풀리지 않은 문제들이 무수히 있으며 사실은 이것들이야말로 참된 뜻에서의 '문제'인 것이다.

이 중의 어떤 문제는 언젠가 풀릴 수 있으며 또 어떤 것은 결국 '풀 수 없다'는 것이 밝혀짐으로써 그런대로 해결을 볼 수 있지만, 그중에는 영원히 답이 나오지 않는 문제가 있을지도 모른다.

따지고 보면 '풀 수 있는 것만은 틀림없는 문제'란 사실은 이미 반 이상 풀린 것이라 할 수 있다.

문제라고 하면 '풀 수 있는 것'이라고 미리 작정해버리는 것은 교과서를 떠나서는 통하지 않는다. '풀 수 있는지 어떤지 알 수 없는 문제'가 풀 수 있다는 사실만이 분명히 밝혀졌을 때 문제의 가장 어려운 고비를 넘긴 셈인 것이다.

이러한 마음가짐은 장차 대수학자가 되어 보겠다고 스스로 다짐한 사람에게는 꼭 필요한 태도이다.

수학은 어렵고 딱딱하다. 그러나 오랫동안 골몰한 어려운 문제가 해결되었을 때 느끼는 즐거움 때문에 일단 취미를 붙이면 떨어질 수 없는 게 수학이다.

지금은 수학을 싫어해도 탐정영화나 추리소설을 좋아한다면 충분히 수학에 취미를 붙일 수 있다.

탐정소설에는 도중에서 여러 가지 중요한 해결의 실마리가 나타나서 독자들로 하여금 그때마다 자기 나름의 해석을 내리게 한다. 이렇게 해서 우리가 주의깊게 이야기의 줄거리를 더듬어가기만 하면 마지막까지 읽지 않아도 스스로의 힘으로 완전히 해결할 수도 있다.

자연 속에 또는 수의 세계에 숨어 있는 수수께끼를 탐정소설을 읽는 기분으로 풀 수 있다. 실제 따지고 보면 물리학보다 수학쪽이 탐정소설의 수법을 더 닮았다고 할 수 있다.

소설 속의 명탐정 셜록 홈스에게 있어서의 범인 조사는

"불가능한 것은 지워 나간다. 그러면 마지막에 남는 사람이 범인이다."

라는 대전제로부터 출발한다. 가령 탐정은 알리바이가 성립하는 사람에게는 의심을 품지 않는다. 그것은 동일한 사람이 동시에 다른 곳에 나타날 수 없기 때문이다. 이것은 곧 "불가능한 것은 지워 나간다"는 원칙에 따른 것이다. 실제로 수학에서도 이 방법이 자주 쓰인다.

가령 다음과 같은 문제를 보자.

"두 수 a와 b가 있다. 이때 아무리 작은 양의 수 x를 a에 더해도 b보다 결코 작아지지 않는다고 한다. a는 b보다 크다고 말할 수 있는가?"

두 수 a, b 사이의 관계는

$$a>b, a=b, a<b$$

의 세 가지뿐이며 여기서 만일 $a<b$라고 하면, x를 $b-a$보다 작은 양수라고 할 때

$$a+x<b$$

따라서 "아무리 작은 양의 수 x를 a에 더해도 그 값은 결코 b보다 작아지지 않는다"라는 조건에 어긋나게 되므로 $a<b$인 경우를 지워버려야 한다.

그러면 나머지 두 경우는 어떨까?

$x>0$이라고 하면 이 두 경우 모두

$$a+x>b$$

가 되어 결국 범인, 아니 조건에 맞는 답은

$$a>b \text{ 또는 } a=b\text{이다.}$$

요컨대, 'a는 b보다 크다'라는 결론은 잘못되었으며, 'a는 b보다 크거나 같다'가 답이다. 처음의 짐작인 $a>b$만으로는 한쪽을 놓친 셈이다.

불가능한 증명

다섯 개의 컵을 모두 위로 향하게 할 수 없다.

아래 그림처럼 다섯 개의 컵 중에서 두 개는 위로 향하고 있고, 나머지 세 개는 엎어져 있다. 이 가운데에서 두 개를 아무렇게나 집어서 동시에 뒤집는다. 그러니까 위로 향하고 있는 것은 엎어지게 하고, 엎어진 것은 위로 향하도록 한다.

이와 같이 한번에 두 개씩의 컵을 뒤집는 일을 몇 번이건 되풀이하고, 전부 위로 향하도록 할 수 있는가? 여러 가지 방법으로 해보았지만 도저히 안 되는가?

그러나 할 수 없다는 것이 곧 불가능하다는 뜻은 결코 아니다. 불가능이라고 하기 위해서는 절대적으로 안 된다는 것을 증명해야 하기 때문이다.

위로 향하고 있는 컵을 1, 아래로 향하고 있는 컵을 0으로 놓는다면 처음에 놓여져 있던 컵의 상태는 0 1 0 1 0과 같이 나타낼 수 있다.

그런데 컵을 하나 뒤집으면 0은 1로, 1은 0으로 바뀌어진다. 곧 한 개의 개수가 하나만큼 변화한다.

따라서 한번에 두 개의 컵을 뒤집을 때 1의 개수는 0개, 또는 2개, 그러니까 짝수 개로 변화한다.

요컨대 0 1 0 1 0과 같이 짝수 개 있는 상태로부터 시작하면, 두 개씩 뒤집는 일을 몇 번이고 되풀이한다 해도 1의 개수가 홀수가 되는 경우는 결코 일어나지 않는다.

곧 컵이 전부 위로 향하고 있는 상태 1 1 1 1 1(1이 홀수 개의 경우)은 결코 일어나지 않는다. 그렇기 때문에 컵 모두를 위로 향하게 할 수는 없다.

앞에서도 말했지만, 여러 가지로 해보아도 할 수 없었다는 것과 누가 해보아도 결코 할 수 없다는 것을 증명했다는 것은 큰 차이가 있다.

교실에서 배운 수학은 해(풀이)가 있는 문제뿐이기 때문에 수학의 문제는 반드시 답이 있는 것이라고 지레 짐작을 하는 사람들이 많을 것이다.

그러나 수학에는 답이 없는 문제도 있다. 이런 때 답을 얻을 수 없다는 것의 증명 — 불가능하다는 것의 증명 — 을 할 필요가 있다.

'…이다'라는 주장을 아무리 해도 '…이 아니다'임을 보여주는 보기 한 가지만 내놓는다면 꼼짝을 못한다. 범인이 아무리 자신은 죄가 없다고 주장을 해도 증거를 내세우면 고개를 떨구어버리는 이치와 같다. 그러나 '…이 아니다'의 증명은 위의 예처럼 쉽지 않다. 그

래서 누명을 벗지 못해서 옥살이를 하는 죄 없는 죄인이 어느 사회,
어느 시대에도 그치는 날이 없는 것이다.

'수학은 누가 풀어도 답이 같다.' 그러나 문제의 조건이 분명히 명시되어 있지 않을 때에는 답이 달리 나올 수 있다. 다음 경우와 같이 '푸는 사람에 따라 답이 다르다'라는 것도 또한 진리일 수 있다.

A, B, C, D, E, F의 6명의 학생에게 다음의 부등식을 풀게 하니 각자의 답이 모두 달랐다.

$$3x+10<1$$

A : -4

B : 해가 없다

C : 얼마든지 있다

D : 얼마든지 있다(C군과 다른 뜻에서)

E : 해가 없다(B군과 다른 뜻에서)

F : $x<-3$

자, 위의 6명의 학생의 답 가운데서 누구의 것이 정답일까? 모두가 서로 다른 답을 내고 있는 것이 이상하기도 하다. 6명의 학생의 답이 모두 다르다고 하면 5명은 틀리고 1명만이 정답을 낸 것으로 생각하기 쉬우나 이 경우는 6명의 답이 모두 옳다.

그럼 우리 함께 주어진 부등식을 풀어보면서 그 이유를 알아보자. 먼저 좌변의 10을 우변으로 옮겨 정리하면,

$$3x < -9$$

양변을 3으로 나누면

$$x < -3$$

위의 6명 중에서 이것과 같은 답을 얻은 학생은 F뿐이다. 그러면 나머지 5명은 틀린 것일까? 왜 이것과 다른 엉뚱한(?) 답을 냈는지 각자의 이유를 들어 보기로 하자.

A : 집합 $\{-4, -2, -1\}$의 테두리 안에서 생각했기 때문에 답은 -4

B : 자연수의 테두리 안에서 생각했기 때문에 해는 없다. 즉, 공집합(ϕ)

C : 유리수의 테두리 안에서 생각했기 때문에 -3보다 작은 유리수는 얼마든지 있다.

D : 정수의 테두리 안에서 생각했기 때문에 -3보다 작은 정수는 얼마든지 있다.

E : 주사위 눈의 숫자 테두리 안에서 생각했기 때문에 해가 없다. 즉, 공집합(ϕ)

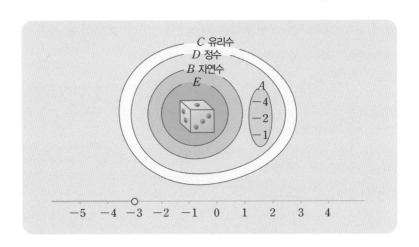

　즉 A, B, C, D, E의 5명의 학생은 각자 자기 나름대로의 관점에서 전체집합을 생각하고 있었던 것이다.

　따라서 만약 이와 같이 생각하고 있는 집합의 테두리를 분명하게 미리 말한다면 모두 정답이다.

어떤 일을 따질 때 이것 아니면 저것의 두 가지로 나누어서 생각하는 경우가 흔히 있다. 예인가 아니오인가, 참말인가 거짓말인가, 백인가 흑인가, 앞면이냐 뒷면이냐, 짝수냐 홀수냐 등 말이다.

이와 같이 일어날 수 있는 모든 경우가 통틀어 두 가지뿐으로 보는 것을 이분법(二分法)이라고 부르는데, 퍼즐이나 수학의 문제 중에는 이분법을 써서 풀 수 있는 것들이 많다.

그 보기로 다음과 같은 문제가 있다. "여러분이 지금 배우고 있는 수학 교과서에 나오는 어떤 문자나 기호 하나를 머릿속에 새겨 두어라. 이를테면 문제의 번호인 '2'도 좋고, '수'라는 문자도 좋다. 그것이 어떤 문자, 또는 기호일지라도 스무 번의 질문으로 정확하게 맞힐 수 있다. 이때 여러분은 내 질문에 옳은 경우에는 예, 틀린 경우에는 아니오라고만 대답하면 된다."

그렇다면 어떻게 질문을 하면 좋은가?

한 번의 질문으로 알아맞힐 수 있는 문자나 기호의 수는 두 가지이다. 가령 a와 b가 있을 때, "a인가?"라는 질문에 "예"라고 대답하면,

그것은 a이고, "아니오"라고 하면 b라는 것을 알 수 있기 때문이다.

두 번의 질문으로는 $2^2 = 4$가지 중에서 답을 알아맞힐 수 있다. a, b, c, d의 네 가지 문자, 또는 수가 있을 때, "a 아니면 b 중의 하나인가?"라고 질문했을 때, 대답이 예이건 아니오이건, $a \cdot b$(a 아니면 b 중의 하나) 아니면 $c \cdot d$이기 때문에, 나머지 한 번만 질문하면 정답을 얻을 수 있다.

마찬가지로 세 번의 질문으로는 $2^3 = 8$가지 중에서 답을 얻을 수 있고, … 20번의 질문으로는 $2^{20} = 1,048,576$가지의 문자나 기호 중에서 정답을 얻어낼 수 있다.

보통 교과서는 300페이지 안팎이고, 1페이지당 1,000자 미만이기 때문에 교과서에 실린 문자나 기호를 모두 합쳐도 30만 가지에 미치지 못한다.

그런데 앞의 식에서 알 수 있는 바와 같이, 20번의 질문으로 100만 가지 중의 하나를 알아맞힐 수 있기 때문에, 30만도 안 되는 문자나 기호를 알아맞히는 것쯤은 식은 죽 먹기이다.

실제로 할 때에는 한 번의 질문 때마다 페이지 수를 반씩으로 나눈다. 그러면 아홉 번째 질문에서 어느 페이지인가를 알 수 있다. $2^9 = 512$이기 때문에!

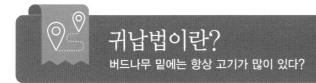

낚시꾼이 우연히 버드나무가 있는 물가에서 낚시질을 했더니 고기를 많이 낚을 수 있었다. 다음날 다른 버드나무 밑에서 낚시질을 했는데, 역시 많은 고기가 잡혔다. 다음날도 자리는 다르지만 버드나무 밑에서의 낚시질에 재미를 보았다.

이 낚시꾼이 이런 식으로 일주일쯤 계속 버드나무 밑에서 많은 고기를 낚았다면, "버드나무 밑에는 고기가 많이 있다"라는 것은 그에게 있어서 거의 의심의 여지가 없는 낚시의 비결이 되었을 것이다. 그리고 낚시를 할 때에는 으레 버드나무만을 찾았을 것이다. 그러다가 낚시에 재미를 못 보는 날이면, 뭔가 다른 이유를 찾는다. 누군가가 먹이를 잔뜩 뿌려버린 것일 게다, 아니면 몽땅 잡혀서 겁을 먹고 미끼를 안 무는가 보다 등 말이다.

언제부터의 일인지는 모르지만, 농장 주인이 닭장 문을 열고 들어오는 것은 닭들에게 먹이를 주기 위해서였다. 그제도, 어제도 그랬다. 그래서 오늘 아침 주인이 닭장 안으로 들어오자, 모두 먹이를 얻어먹기 위해서 주인의 주위에 모여들었다. 그랬더니 웬걸, 주인은 그

중 한 마리의 목을 비트는 것이 아닌가? 그러나 닭들은 또다시 주인이 나타날 때에는, 으레 먹이를 줄 것으로 안다. 먹이를 줄 때도 있고, 목이 비틀릴 때도 있지만….

두 번째 이야기는 철학자이자 수학자인 버트런드 러셀(B. Russell, 1872~1970)이 말한 비유이지만, 처음에 이야기한 '버드나무 밑에는 고기가 많다'라는 낚시꾼의 확신도 농장의 닭들과 이 점에서는 조금도 다를 바가 없다.

낱낱의 사실을 바탕으로 일반적인 법칙을 이끄는 것을 '귀납'이라

하고, 그러한 방법을 '귀납법'이라고 한다. 물리학이라든지, 생물학과 같은 소위 경험을 바탕으로 이루어지는 과학을 경험과학이라고 부르는데, 이러한 과학에서의 법칙은 정확히는 절대적으로 확실한 것은 아니다. 이렇게 말하면 실망하는 사람이 있을지 모르나 사실이다.

예를 들면, 지금까지의 온갖 경험을 총동원해서 태양은 동쪽에서 서쪽으로 움직인다라는 법칙이 세워졌다. 그리고 이 법칙을 의심하는 사람은 아무도 없지만, 이 법칙이 뒤집힐 수 있는 가능성은 아직도 있다. 즉, 태양이 서쪽에서 동쪽으로 움직일 수도 있다는 가능성이 전혀 없다는 절대적인 보장은 없다.

수학과 다른 과학과의 중요한 차이는 바로 이 점에 있다. 수학에서의 법칙(정리)은 모두가 절대로 확실한 것뿐이다. 이렇게 장담할 수 있는 이유는, 수학의 지식이 경험에서 나온 것이 아니라, 공리라고 불리는 약속을 바탕으로 실험이나 관측 같은 절차를 전혀 밟지 않고, 순전히 머릿속에서 이치를 따져서 얻어지는 것이기 때문이다. 이 방법을 '연역'이라고 한다. 즉, 한쪽은 경험, 다른 한쪽은 약속(또는 가정)이 출발점으로 되어 있다는 점이 다르다.

바꿔 말하면 수학은 우리의 경험과는 전혀 상관이 없는, 머릿속에서만 엮어지는, 이를테면 알맹이가 없는 학문인데, 물리학이나 화학, 생물학 등의 경험과학은 언제나 경험으로 채워져 있다. 알맹이가 없는 수학은 공리라는 전제로부터 바른 결론을 이끄는 추론(推論)을 주로 문제삼는다. 이 추론의 절대적 확실성은 보장받고 있다. 그러나 경험을 내용으로 삼고 있는 학문에서는 시간이 흐름에 따라 또는 상황이 달라지게 됨에 따라서 그 내용이 수정되어야 할 경우가 반드시 생긴다. 요컨대 내용이 없는 수학은 바로 이 때문에 절대확실성이 보장되어 있으며, 한편 내용이 있는 다른 과학은 바로 이 때문에 절대확실성의 보장을 받지 못하고 있는 것이다.

얼핏 모순된 표현 같지만, 뛰어난 수학의 이론일수록 현실과의 직접적인 접촉이 적고(이 역은 반드시 참은 아니다), 또 이러한 내용이 없는 수학이 현실세계를 잘 설명해 준다.

수학적 귀납법

베트남 전쟁 당시에 '도미노 이론'이라는 말이 신문에 자주 오르 내린 적이 있었다. 미국의 어떤 정치이론가가 내놓은 말로, 그 내용 은 "만일 미국이 베트남에서 손을 떼어 이 나라가 공산국가로 되면 그 이웃 나라인 태국도 붉게 물들게 되고 그러면 그 이웃인 미얀마 도, 또 물 건너 필리핀도, 결국엔 동남아 전체가 공산화되고 만다"라 는 그럴싸한 주장이었다. 그러나 베트남이 공산화된 지 여러 해가 지났지만 아직껏 그런 현상이 일어나지 않은 것을 보면, 도미노 이 론이라는 게 순 엉터리였음을 알 수 있다.

도미노 이론은 도미노 놀이에서 나온 말이다. 이 게임은 나무나 상아로 만든 28개의 직사각형꼴의 패를 가지고 논다. 그런데 재미있 는 것은 도미노패를 가지런히 세워놓고, 맨 앞에 있는 것을 넘어뜨 리면, 그 다음 것도 또 그 다음 것도 하는 식으로, 28개의 패가 차례 로 똑같은 운명을 겪게 된다는 놀이이다. 도미노 이론은 도미노패가 넘어지는 모양에 비유해서 지은 말임은 물론이다.

가지런히 세워진 도미노패가 차례로 모두 넘어지기 위해서는 두 가지 조건을 갖추어야 한다.

(1) 먼저 선두의 패를 넘어뜨린다.

(2) 어느 패도 그것이 넘어지면 반드시 바로 뒤에 있는 패도 넘어 지도록 한다.

'수학적 귀납법'이란 위의 (1), (2)를 써서 자연수의 집합과 관계가 있는 어떤 가설을 증명하는 방법을 말한다.

자, 그러면 실제로 수학적 귀납법을 써서 다음의 가설을 증명해 보자.

|가설| 다음 그림과 같이 삼각형을 결합시키면(단, 꼭짓점은 꼭짓점끼리 만나도 록 한다), (삼각형의 수)+(꼭짓점의 수)=(선분의 수)+1이 성립한다.

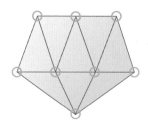

|증명| 도미노패를 가지런히 세우는 식으로 삼각형을 조건에 맞도록 1개, 2개, 3개, ···, n개씩 차례로 놓고 생각해보자.

삼각형의 수	2	4	3
점의 개수	4	7	7
선분의 개수	5	10	9
가설의 성립	성립	성립	성립

(1) 삼각형이 1개일 때,

$$(삼각형의 수) + (꼭짓점의 수) = 1 + 3 = 4$$

$$(선분의 수) + 1 = 3 + 1 = 4$$

따라서 이때는 위의 가설이 성립한다. 도미노패의 경우에 빗대어 말한다면, 이것은 선두의 패가 넘어진 것에 해당한다.

(2) 임의의 개수(이것을 n으로 나타낸다)의 삼각형에 대해서도 위의 가설이 성립하면, 삼각형의 개수가 그보다 1개 더 많은 경우에도(삼각형의 개수가 $n+1$일 때도) 이 가설이 성립하는가를 체크한다.

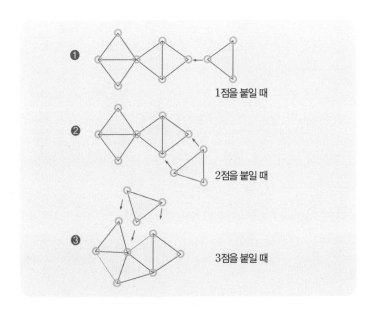

그러기 위해서 n번째의 도형(삼각형의 집합)에 삼각형 1개를 더해 본다. 더하는 방법은 다음의 세 가지뿐이다.

❶ 1점을 붙이는 경우 : 삼각형이 1개, 꼭짓점이 2개, 선분이 3개가 각각 늘어난다.

❷ 2점을 붙이는 경우 : 삼각형이 1개, 꼭짓점이 1개, 선분이 2개가 각각 늘어난다.

❸ 3점을 붙이는 경우 : 삼각형이 1개, 꼭짓점이 0개(늘어나지 않음), 선분이 1개가 각각 늘어난다.

위의 세 가지 중 어느 경우에도 삼각형이 한 개 늘어날 때, 늘어나는 (삼각형의 수)+(꼭짓점의 수)는 선분의 수와 같다. 따라서 n번째의 도형에 대해서 이 가설이 성립한다고 하면, 이 도형에 삼각형을 1개 더 더하는 것은 등호의 양변에 같은 수를 더하는 결과가 되므로, $n+1$ 번째의 도형에 대해서도 가설은 성립한다. 이것은 앞에서 이야기한 (2)의 조건, 즉 어느 패도, 그것이 넘어지면 뒤에 있는 패가 반드시 넘어지는 경우에 해당한다. 이 (1), (2)가 성립하므로 가설은 증명된 것이다.

이 수학적 귀납법을 처음으로 구상한 사람은 명상록《팡세》의 저자 파스칼(B. Pascal, 1623~1662)이었다.

사람이 아무리 밥을 많이 먹는다 해도 한도가 있다. 그러니까 위의 증명에는 확실히 속임수가 있다. 그러면 어느 대목에서 엉터리가 끼어 들었을까?

문제는 (2)에 있다. 아무리 밥알 한 개씩을 먹는다 해도 더는 못 먹겠다는 대목이 반드시 있을 것이다. 이것을 '임계치(臨界値)'라고 하는데 n(n개의 밥알을 먹는다는 것)이 임계치라고 하면 $n+1$($n+1$개의 밥알을 먹는다는 것)은 성립하지 않는다. 여기에 속임수가 있었던 것이다.

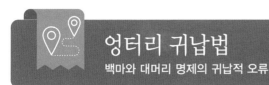

엉터리 귀납법
백마와 대머리 명제의 귀납적 오류

어떤 말이 백마(白馬)이면, 모든 말은 백마이다

A, B 두 고등학생이 하굣길에 오늘 배운 수학적 귀납법에 대해서 자신들의 생각이 옳다고 서로 우기고 있는데, 마침 백마를 탄 사람이 지나갔다. 그것을 본 A군은 갑자기 눈을 빛내면서 이렇게 단언을 한다.

"저 말을 봐, 새하얗지. 이것으로 10마리든 100마리든 말이라는 게 모두 하얗게 생겼다는 것을 알 수 있지."

"무슨 엉터리 같은…. 검은 말도, 밤색말도, 얼룩말도 얼마든지 있잖아."

"잠자코 잘 들어봐. 10마리든 100마리든 상관이 없지만, 가령 100마리의 말이 하얗다고 하자. 이때 101번째의 말도 하얗다. 왜냐하면 100마리가 흰 말이고 지금 눈앞에 흰 말이 있기 때문에 101번째의 말도 하얗다. 그렇다면 102번째의 말도 하얗다는 것을 마찬가지로 알 수 있고, 이런 식으로 따지면 103, 104,… 결국 모든 말이 흰 말이라고 단정할 수 있는 거지. 어때?"

물론 이것은 잘못되어도 크게 잘못되었다. 우연히 어떤 말이 희다는 것을 '귀납법'에 썼기 때문이다.

여기서 (수학적) 귀납법을 복습해보면, 자연수 1, 2, 3, …에 대응하는 명제를 가령 $P_1, P_2, P_3, \cdots$라고 할 때, 어떤 자연수 n에 대해서도 P_n이 옳다(참이다)는 것을 밝히기 위해서는

첫째, P_1이 옳다(참이다)는 것을 말한다.

둘째, 어떤 자연수라도 상관이 없지만, 그것을 가령 k라는 수라고 할 때, P_k가 옳다고 가정한다.

셋째, 위의 첫째, 둘째를 써서 P_{k+1}이 옳다는 것을 보인다.

그러면 P_1은 진짜로 옳기 때문에, P_2가 위의 셋째 조건에 의해서 옳다는 것을 알 수 있고, 따라서 둘째, 셋째 조건에 의해서 P_3, P_4, …가 옳은 명제가 되고, 결국은 어떤 자연수에 대해서도 P_n이 성립한다는 것을 알 수 있다.

그런데 A군의 경우에는 P_1, 즉 '한 마리의 말이 하얗다'가 어떤 한 마리라도 상관이 없다는 뜻을 품고 있음을 깨닫지 못했다. P_{100}, 즉 '100마리의 말은 하얗다'를 가정하는 것은 좋지만, 거기서부터 우연히 지나간 특정한 백마를 끌어들이는 것은 잘못이다. 여기서도 '101마리'라고 할 때, '어떤 101마리라도'라는 뜻이 들어 있다. 요컨대, A는 P_1의 단계에서 이미 결론을 내고 있는 셈이다.

이 정도의 이야기를 들었으면, 다음 엉터리 귀납법의 어디에 잘못이 있는지 금방 알아낼 수 있을 것이다.

모든 인간은 대머리이다

첫째, 머리털이 1개밖에 없는 사람은 대머리임이 분명하다.

둘째, 지금 k개의 머리털밖에 없는 사람을 대머리라고 가정하자.

셋째, 그러면 $k+1$개의 머리털밖에 없는 사람은 k개만 있는 사람보다 겨우 머리털 1개가 많을 뿐이다. 그런데 두 번째 가정에 의해서 머리털이 k개인 사람은 대머리이다. 그렇다면 대머리에 머리털 1개를 더해도 대머리일 수밖에 없다. 즉, 이때에도 대머리이다.

그런데 머리털이 1개인 사람은 진짜 대머리이기 때문에, k로서 1을 취하면 머리털이 2개인 사람도, 3개인 사람도, 결국 모든 사람이 대머리가 된다.

이 엉터리 증명은 처음의 경우보다 고급스럽기는 하지만 엉터리라는 점에서는 마찬가지이다. 이 증명이 잘못된 원인은 대머리란 머리털이 몇 개 이하인 사람을 가리키는가에 대한 정의가 분명치 않다는 데에 있다.

'대밭에 장기 두는' 식의 말다툼에는 거의 이런 엉터리 귀납법이 쓰이고 있다.

8
수학의 에피소드

교과서에서 다루지 않는 수학과 인간성의 문제를 수학

자에 얽힌 여러 에피소드를 통해서 알아본다.

구구셈을 몰랐던 대학생
20세기에서야 학문으로 인정받은 수학

17세기에 영국의 해군 대신을 지낸 사무엘 피프스가 남긴 일기 중, 그가 해군성의 서기관으로서 자재구입계를 담당했던 1662년의 글에는 다음과 같은 구절이 있다.

"로열 찰스호의 항해사인 쿠퍼 씨가 찾아왔다. 오늘부터 그에게서 수학을 배우기로 한 때문이다. 1시간 동안 함께 산수를 공부했다. 처음에는 곱셈구구를 외우는 일이었다. 아침 4시에 기상하여 구구단 공부를 했다. 대체로 산수에서 문제가 되는 것은 이 곱셈구구이다."

그는 얼마만에 산수를 터득하게 되고, 이듬해에는 아내에게 산수를 가르칠 정도가 되었다. 그때의 일기에는 다음과 같이 적혀 있다.

"요즘에는 아내와 함께 아주 즐겁게 산수 공부를 하고 있다. 아내는 덧셈, 뺄셈, 곱셈까지는 썩 잘 치렀다. 앞으로 얼마동안은 나눗셈으로 아내를 괴롭히는 일은 삼가기로 하고, 이번에는 지구본 공부를 시작해본다."

케임브리지 출신이라는 신사가 어째서 사칙연산을 하지 못했을까? 이유는 간단하다. 18세기 말까지는 영국 상류사회에서의 교육에는 산수가 생략되어 있었던 것이다. 영국의 유명한 귀족적 사립 중고등학교인 퍼블릭 스쿨의 학생은 2021÷43이라는 나눗셈 정도도 못하는 것이 보통이었다고 한다. 1570년대의 엘리자베스 여왕 시대에는 대학에서조차 법령에 의해서 수학은 교과 과정에서 전부 삭제되어 있었다.

이것은 생활과 밀접한 관계가 있는 것으로, 대학에서는 가르칠 가치가 없다는 귀족적인 가치관이 지배하고 있었기 때문이다. 신에 의해서 노동의 필요로부터 해방된 사람들에게 요구된 것은 오직 신사적 교양을 갖추는 일뿐이었던 것이다.

이 점에 관해서는 중국이나 우리나라의 경우가 더 심했다. 중국에서는 본래 사회의 엘리트가 익혀야 할 기예(技藝)로써 예(禮), 악(樂), 사(射, 활쏘기), 어(御, 말달리기), 서(書, 글씨 연습), 수(數, 계산술)를 내용으로 하는 육예(六藝)가 있었는데, 이 중에서 마지막으로 수학도 꼽힌다. 그러나 이것은 말뿐이고, 계산을 전문으로 하는 하급의 기술직 관료 말고는 일반적으로 수학을 외면하였다. 19세기에 이르러 유럽의 과학 문명에 자극을 받아 국가 시험에 수학문제를 내놓기도 했으나 1874년에 실시된 시험에서 수학 과목을 택한 사람이 하나도 없었다는 것이 그 좋은 예이다.

우리나라의 경우도 마찬가지여서 마을 서당에서조차 수에 관한 지식은 가르치지 않았다. 이 사실은 당시의 사회가 양반(신사)의 교양으로서는 아직 수리적 지식을 필요로 하지 않는 상태, 그러니까 농업 이외의 산업이 일반적으로 보급되기 이전의 중세적 분위기가 감도는 사회였음을 의미한다.

그리스 최초의 철학자이자 수학자로 알려진 탈레스는 어느 날 저녁 맑은 하늘에 빛나는 별들을 열심히 관찰하고 있다가 길가 시궁창에 빠지고 말았다. 간신히 기어 올라온 탈레스에게 이웃집 할머니가 이렇게 핀잔을 주었다.

"발밑도 제대로 못 보는 사람이 용하게도 저 멀리 있는 별에 관해서는 잘 알고 있군요."

이 말에는 탈레스도 대꾸할 말이 없었다고 한다.

세계의 3대 수학자 중에 반드시 꼽히는 아르키메데스는 부력(浮力)의 법칙을 발견한 사람으로도 유명하다. 어느 날 헤론 왕이 신에게 바치기 위해서 순금으로 금관을 만들도록 대장장이에게 분부했다. 얼마 후에 훌륭한 왕관이 만들어졌으나, 그 속에는 은이 많이 섞여 있다는 소문이 왕의 귀에까지 들려왔다. 그는 그 진위를 밝히도록 아르키메데스에게 명령하였다. 천재 아르키메데스도 해결 방법을 찾지 못하여 매일 실험실 안에서 끙끙 앓다시피 하며 시간을 헛되이

보내고 있었다. 그러던 어느 날 목욕을 하기 위해 탕 속에 들어간 아르키메데스는 자신의 몸이 조금 가벼워진 것을 새삼 깨달았다. 그 순간,

"알았다, 알았다. 이것이다. 확실히 이것이다!"

라고 큰 소리로 외치면서, 옷을 입는 것도 잊은 채 알몸으로 거리로 뛰어나와서 집에 돌아왔다. 이 광경을 지켜본 사람들이

"불쌍하게도 아르키메데스는 연구를 너무 많이 해서 미쳐버렸구나. 참 안됐어."

라고 동정했다고 한다.

뉴턴에 관한 일화는 비교적 많이 알려져 있다.

한번은 실험을 하다가 계란을 삶아 먹으려고 한 손에는 계란, 다른 한 손에는 시계를 들고 냄비의 뚜껑을 열었다. 얼마 후에 냄비 뚜껑을 열어 보니 삶은 계란이 아닌 삶은 시계가 들어 있었다. 또 언젠가는 손님을 초대하고 연구실에 포도주를 가지러 갔는데 아무리 기다려도 나타나지 않아 하인이 가보니까 손님을 초대했다는 사실을 잊어버리고 그냥 연구에 몰두하고 있었다고 한다. 어떤 겨울 밤에는 뉴턴이 수학 공부를 하고 있었는데, 곁에 둔 난롯불이 뜨겁게 달아올라 견딜 수 없어 하인을 불렀다.

"뜨거워 못 견디겠는데, 어떻게 안 될까?"

하인은 뉴턴의 의자를 조금 뒤로 당겨서 물러나게 했다.

"음, 아주 좋은 생각이군."

뉴턴은 이렇게 칭찬을 하고 계속 연구에 몰두하였다.

프랑스의 유명한 물리학자이자 수학자인 앙페르(A. Ampere, 1775~1836)에게는 이런 일화가 있다. 그는 강의를 하다가도 열중하면 손수건을 칠판닦이로 착각하거나 걸레로 자신의 얼굴을 닦는 일이 흔히 있었다. 또 언젠가는 문득 어떤 생각이 떠올라서 마침 가까운 곳에 세워놓은 나뭇조각에 계산을 하기 시작했다. 그런데 갑자기 그 계산판이 달리기 시작하는 것이 아닌가. 알고 보니 마차 뒤에 붙여둔 판자였다고 한다.

집에 방문객이 찾아오는 게 귀찮았던 그는 입구에 부재중이라는 푯말을 달아놓았는데, 하루는 외출했다가 돌아오니 이것이 눈에 띄어 자기 집인 줄을 깜박 잊고 되돌아섰다는 이야기도 있다.

20세기 최대의 수학자로 일컬어지는 힐베르트도 잊는 것이 많기로 유명했다. 그는 초대한 손님들이 찾아올 시간이 되었다는 부인의 재촉을 받아 넥타이를 바꾸어 매기 위해서 2층으로 올라갔는데, 손님이 당도했는데도 내려오지 않았다. 부인이 올라가보니, 잠잘 시간으로 착각하여 잠자리에 들어 있었다고 한다. 또 어느 날은 방문객이 너무 오랫동안 이것저것 지루한 이야기를 이어가면서 버티자 지친 그는 자리를 뜨고 싶어 견딜 수가 없었다. 그래서 곁에 앉은 부인에게 이렇게 이야기를 했다. "너무 오랫동안 실례한 것 같군. 이제 자리를 떠야 할 시간이 아닌가?"

정보 수학의 꽃이랄 수 있는 '사이버네틱스'를 창안했던 위너(N. Wiener, 1894~1964)도 건망증이 심했다. 교내 식당에서 점심을 마치고 돌아오는데, 그에게 질문이 있는 학생이 이때다 싶어 그를 붙잡았다. 위너 교수는 뜻밖에도 그의 질문에 친절히 답해주었다. 질문이 끝난 이 학생이 깊이 감사의 뜻을 표시하고 뒤돌아서자 교수가 뒤에서 그를 불러세웠다.

"내가 지금 어느 쪽에서 왔는가?"

학생이 방향을 가리키자

"음, 그러면 내가 식사를 하고 왔군."

하고, 자신의 연구실 쪽으로 걸어갔다는 이야기이다.

동치관계(同値關係)란, 다음 세 가지 성질을 지닌 관계를 말한다.

(1) A는 A와 같다.

(2) A가 B와 같으면, B는 A와 같다.

(3) A가 B와 같고, B가 C와 같으면, A는 C와 같다.

위의 (1), (2) (3)에는 각각 반사율(反射律), 대칭율(對稱律), 추이율(推移律) 등의 어마어마한 이름이 붙어 있지만, 이것은 한 마디로 말해서 '='의 성질을 추상화시켜 표현한 것에 지나지 않는다.

머리가 너무 좋은(?) 사람은 위의 반사율 'A는 A이다'라든가 대칭율 같은 너무도 뻔한 것을 왜 요란스럽게 내세우는지 선뜻 이해할 수 없겠지만, 수학이라는 게 사실은 이러한 너무도 당연한 것들을 쌓아올려서 만든 지식인 것이다. 그러니까 수학책에 당연한 것을 대단한 것처럼 표현하고 있다고 해서, 무언가 뒤에 숨기고 있지 않을까 하고 겁먹을 필요는 없다. 액면 그대로 당연한 것을 그대로 나타내고 있는 데 지나지 않은 것이니까. 수학은 표현, 즉 말만으로 된 학문이기 때문에 마치 집을 세울 때 못 하나하나가 중요한 구실을 하는 것처럼 사용하는 말을 준비해놓은 데 지나지 않는다. 그러므로 이러한 학문을 하는 사람은 당연한 것을 당연하게 말하는 훈련을 하면서 자기도 모르게 단순해질 수밖에 없는 모양이다. 지금까지 이야기한 수학자들의 기행(奇行)은 사실은 그들이 괴벽스러운 사람이어서가 아니라 너무도 단순하기 때문에 일어난 것이다.

수학자는 마술사

아는 것이 힘이다

옛날에는 어떤 일을 할 수 있다는 것, 어떤 일을 해낼 용기가 있다는 것이 바로 '힘'을 뜻했었다. 하기야 옛날 아닌 지금도 텔레비전을 통해 씨름 선수들이 무섭게 힘을 겨루는 장면을 보고 있으면 자기도 모르게 두 주먹에 힘이 들어가는 것을 느낄 수 있을 것이다.

그러나 남들이 모르는 일을 알고 있다는 것은 이러한 육체의 힘과는 비교가 안 될 만큼 큰 '힘'이다. 삼국지의 영웅 제갈공명이 손가락 하나 까딱하지 않고 천하의 장사 관우와 장비를 꼼짝 못하게 부리는 이야기는 몇 번 읽어 보아도 통쾌하게 느껴진다.

"아는 것이 힘이다"라고 말한 것은 영국의 철학자 프랜시스 베이컨(F. Bacon, 1561~1626)이었지만, 동양 사람들은 이런 말이 나오기 훨씬 전부터 몸소 '앎의 힘'을 깨닫고 있었던 셈이다.

이 앎의 힘 중에서도 수학에 대한 지식은 동서양을 막론하고 엄청난 것으로 비쳤고, 그래서 수학자들은 일종의 마술사로까지 여겨졌던 모양이다. 일반 사람들은 구구셈은 고사하고 덧셈도 손가락셈이 고작인 판에 지구의 지름이니, 지구에서 태양까지의 거리니, 심지어

지구와 태양 사이에 달이 끼게 되는 일식이니 하는 것들을 척척 계산하는 수학자들을 눈부신 마력을 지닌 특별한 사람으로 대했던 것은 너무도 당연하다.

우리나라의 경우에도 농지가 많이 정리되어, 직사각형꼴로 반듯해진 모양은 보기에도 좋다. 그러나 조선 시대까지 거슬러 올라가면 논밭의 모양은 그야말로 가지각색이어서 그 넓이를 헤아리기가 극히 힘들었다.

그래서 역대 왕들은 무엇보다 이러한 불규칙적인 모양의 농토의

어떤 모양의 농지도 척척 측량하는 수학자는 마술사?

넓이를 정밀하게 측량하는 데 큰 관심을 기울였다.

예나 지금이나 부과되는 세금이 공평해야 하는 것은 정치의 근본이다. 게다가 당시의 국가 재원은 오직 농산물에만 의존하였으니, 농지 측량이 국가로서는 얼마나 중요한 행사였는지는 짐작하고도 남는다.

세종대왕이 농지를 등급별로 측량하는 방법을 고안해낸 수학자에게 친히 상을 내리고 벼슬을 높였던 것은 그 한 예이다.

당시의 수학책에도 직사각형, 사다리꼴, 삼각형, 원형, 활꼴 등 여러 가지 모양의 토지의 넓이를 셈하는 방법이 적혀 있었지만 실제로 이 지식을 활용하기는 무척 어려웠던 모양이다.

칸트는 수학자로서 더 훌륭했다?

수학자이자 철학자였던 사람들

　옛날의 사상가들, 예를 들면 데카르트, 파스칼, 라이프니츠(G. Leibniz, 1646~1716) 등의 대사상가들은 수학자로도 유명하다. 실제로 수학 사전을 펼쳐보면 이들의 이름이 실려 있다. 그렇다면 왜 지금은 이러한 사상가이자 수학자가 없을까? 이런 의문이 당연히 나올 만하다. 그러나 이것은 잘못된 생각이다.

　17세기에는 수학자니, 철학자니 하는 분업체제가 있었던 것은 아니다. 근대 유럽 정신의 개척자인 당시의 지도적인 철학자들은, 그 시대의 사상을 가꾸기 위해서는 시대가 요구하는 수학까지도 창안해내야 했다. 그 무렵에는, 수학은 사상의 일부이기도 했던 것이다. 근대 유럽 정신에 대해서 생각할 때, 특히 17세기 수학은 그 중요한 구성 요소였다는 사실을 잊어서는 안 된다.

　하기야 사상과 수학의 유대는, 비단 이 시대에 국한되지 않고 그리스 이래 줄곧 이어오고 있는 유럽의 전통이기도 하다. 《자본론》의 저자 마르크스는 미적분학의 발달사에 관한 논문을 남겼으며, 마르크스와 함께 마르크스주의를 창시한 엥겔스(F. Engels, 1820~1895)

는 그의 저서《자연변증법》속에서 수학의 본질을 깊이 다루고 있다. 문명비평가 슈펭글러(O. Spengler, 1880~1936)의 대표작《서양의 몰락》의 첫 장은 '수(학)에 대하여'로 되어 있다.

한편, 뉴턴을 숭배했던 철학자 칸트가 실제 수학적인 내용을 다룬 것이 싱겁게도 7+5＝12 정도가 고작이었던 것은 아이러니다. 그러나 비록 수학적인 형태를 취하지는 않았으나, 시간과 공간에 관한 이율배반을 날카롭게 지적하는 등 뛰어난 수학적 자질을 엿보여 주고 있기도 하다. 이 점에서는, 그는 아주 위대한 수학자의 소질을 가졌다고 분명히 말할 수 있을 정도이다.